当杜甫遇见 爱因斯坦

张培华 编著

化学工业出版社

·北京·

图书在版编目（CIP）数据

当杜甫遇见爱因斯坦 / 张培华编著 . —北京：化学
工业出版社，2024.6
ISBN 978-7-122-45433-1

Ⅰ.①当… Ⅱ.①张… Ⅲ.①物理学 - 青少年读物
Ⅳ.①O4-49

中国国家版本馆 CIP 数据核字（2024）第 074459 号

责任编辑：龚　娟　肖　冉　　　　　　　　装帧设计：王　婧
责任校对：王鹏飞　　　　　　　　　　　　插　　画：胡义翔

出版发行：化学工业出版社（北京市东城区青年湖南街 13 号　邮政编码 100011）
印　　装：盛大（天津）印刷有限公司
710mm×1000mm　1/16　印张 10　字数 20 千字
2024 年 8 月北京第 1 版第 1 次印刷

购书咨询：010-64518888　　　　　　　　售后服务：010-64518899
网　　址：http://www.cip.com.cn
凡购买本书，如有缺损质量问题，本社销售中心负责调换。

定　　价：68.00 元　　　　　　　　　　　版权所有　违者必究

　　中国古诗词中有很多精彩的语句，为我们展现出一幅幅栩栩如生的画面：壮美的山河、四季的风景、田间的生活，以及作者对人生、对世界的思考和感悟。许多诗词佳句不仅韵律美，而且还饱含情感、想象，富有哲理，值得我们反复诵读。

　　在学习和诵读古诗词的过程中，除了感受诗词的美妙以外，那些爱思考的同学，可能还会提出很多有趣的科学问题。

　　比如唐代诗人张继在《枫桥夜泊》中写道："姑苏城外寒山寺，夜半钟声到客船。"对此，有的同学就会好奇：远处寒山寺里的钟声，是如何传到江面上的客船的呢？声音究竟是如何在空气中传播的呢？如果你了解声音的传播原理，就能理解这种现象了。

再比如南宋诗人陆游在《村居书喜》中写道："花气袭人知骤暖，鹊声穿树喜新晴。"有的同学读到这里可能会问：为什么花的香味会和天气变暖有关呢？可能令你感到意外的是，这一现象的背后，其实和物理学中的分子热运动有着密不可分的关系。

古代诗人和词人通过细致入微的观察，对自然现象或事件进行了生动描写，这让我们在感受诗词艺术之美的同时，也会深入地思考：为什么会有这些现象的出现，诗词中所描绘的场景是如何形成的……

除了此书，我们还有《当苏东坡遇见门捷列夫》《当李白遇见伽利略》《当白居易遇见达尔文》，共四册，旨在将经典诗词中所描写的具有代表性的现象、场景或事件，用现代科学的方式进行分析和解读，并按照物理、化学、生物、天文等学科进行划分，帮助同学们由浅入深地了解这些基础学科，并掌握相关知识。

这套书还有一个有趣的部分值得同学们阅读，那就是历史上伟大科学家们探索科学的经历。你会发现，这些科学家背后的成功故事是那样精彩。你会在阅读李白的诗句时"遇见"伽利略，会在阅读杜甫诗句时"遇见"爱因斯坦……

目 录

❶ 孤舟蓑笠翁，独钓寒江雪
——为何船可以浮在水面上？ / 1

诗词赏析 / 2

诗人小档案 / 3

诗词中的哲理 / 3

想一想 / 4

遇见科学家：阿基米德 / 5

小实验：橘子沉浮 / 9

什么是物体的密度？ / 11

为什么潜水艇可以浮起来和沉下去？ / 13

船为什么可以前进？ / 15

诗词加油站 / 17

思考题 / 19

❷ 无边落木萧萧下，不尽长江滚滚来
—— 为何秋天树叶会飘落到地上？ / 20

诗词赏析 / 21

诗人小档案 / 22

诗词中的哲理 / 23

想一想 / 24

重力是什么？ / 25

遇见科学家：牛顿 / 27

谁先落到地面？ / 30

物体的重心是什么意思？ / 32

小实验：神奇小棉签 / 33

不倒翁为什么不倒？ / 36

诗词加油站 / 37

思考题 / 39

❸ 日出江花红胜火，春来江水绿如蓝
—— 颜色就是物体本身的色彩吗？ / 40

诗词赏析 / 41

诗人小档案 / 41

诗词中的哲理 / 42

想一想 / 42

物体的颜色是它本身的色彩吗？ / 43

"三原色"是哪三种颜色？ / 45

小实验：万能的三原色 / 47

太阳的光是红色的吗？ / 49

天空究竟是什么颜色？ / 50

遇见科学家：笛卡尔 / 51

为什么说地球是个蓝色星球？ / 56

诗词加油站 / 58

思考题 / 59

❹ 水光潋滟晴方好，山色空蒙雨亦奇
——光是如何传播的？ / 60

诗词赏析 / 61

诗人小档案 / 61

诗词中的哲理 / 62

想一想 / 63

光是如何产生的？ / 64

小实验：光的运动 / 65

光的传播速度有多快？ / 66

光在传播时会拐弯吗？ / 67

遇见科学家：菲涅耳 / 68

小实验：小孔成像 / 73

所有的光都能看得到吗？／ 74

诗词加油站 ／ 76

思考题 ／ 78

⑤ 潭清疑水浅，荷动知鱼散
——为什么水越清看着越浅？／ 79

诗词赏析 ／ 80

诗人小档案 ／ 81

诗词中的哲理 ／ 81

想一想 ／ 82

为什么光不走直线了？／ 82

小实验：反转的箭头 ／ 84

光照到镜子时会发生什么？／ 86

光是任意反射的吗？／ 88

遇见科学家：爱因斯坦 ／ 90

诗词加油站 ／ 94

思考题 ／ 96

⑥ 白日曜青春，时雨静飞尘
——为什么落雨可以"静飞尘"呢？／ 97

诗词赏析 ／ 98

诗人小档案 / 99

诗词中的哲理 / 99

想一想 / 100

为什么落雨可以"静飞尘"? / 101

小实验：活泼的棉签 / 103

摩擦起电是如何发生的? / 105

遇见科学家：库仑 / 106

如何减少静电的发生? / 110

静电对人真的只有危害吗? / 111

诗词加油站 / 112

思考题 / 114

7 猛风飘电黑云生，霎霎高林簇雨声
——天空中的闪电是电吗? / 115

诗词赏析 / 116

诗人小档案 / 117

诗词中的哲理 / 117

想一想 / 118

电到底是什么? / 119

闪电也是电吗? / 120

人们是如何发现电子的? / 122

电会产生磁场吗? / 123

小实验：旋转的"爱心" / 125

遇见科学家：法拉第 / 128

诗词加油站 / 131

思考题 / 133

8 姑苏城外寒山寺，夜半钟声到客船
——声音是如何产生和传播的？ / 134

诗词赏析 / 135

诗人小档案 / 135

诗词中的哲理 / 136

想一想 / 136

小实验：声音是如何传播的？ / 137

声音的传播速度有多快？ / 138

为什么寒山寺的钟声能传到客船？ / 140

回声是如何产生的？ / 142

遇见科学家：贝尔 / 143

诗词加油站 / 148

思考题 / 150

① 孤舟蓑笠翁，独钓寒江雪
——为何船可以浮在水面上？

"孤舟蓑笠翁，独钓寒江雪。"这句诗出自唐代诗人柳宗元的《江雪》一诗，全诗为：

千山鸟飞绝，万径人踪灭。

孤舟蓑笠翁，独钓寒江雪。

诗词赏析

译文： 几乎所有的山上，都看不到鸟的踪迹，所有的路上，也见不到人的踪影。江面上只有一条小船，一位披戴着蓑笠的老翁，正独自冒雪在寒冷的江面上垂钓。

柳宗元在诗中描绘出一片纯净且寂静的广阔天地——千山万径都没有人和动物的踪影，而老翁独自顶着大雪在江面上垂钓，我们可以感觉到这位老翁应是饱经风霜，此时的内心既平静，又有一分孤傲。

诗人小档案

柳宗元

柳宗元（773—819），字子厚，唐代河东（今山西运城）人，文学家、哲学家，唐宋八大家之一。柳宗元著有《永州八记》等六百多篇诗文作品，经友人刘禹锡精心整理，集结为《河东先生集》（因为他是河东人，人称柳河东）。柳宗元的文章成就大于诗，一类属哲学、历史、政治论文，另一类属文学创作，包括寓言、骚赋、骈文、传记等多种文体。

诗词中的哲理

据历史记载，柳宗元在创作《江雪》这首诗的时期，参与了永贞革新运动，但改革失败，自己也因此被贬为永州司马，谪居近十年。通过这首诗，柳宗元表达出在遭受挫折后的不屈精神和孤寂的情绪。

当然，我们从另外一个角度来看，人生难免会遇到各种各样的挫折和磨难，在困难面前，我们也应该像寒江上的老翁一样，保持一种从容淡定的姿态，不以物喜、不以己悲，这样才能帮助自己战胜挫折，走出困境。

想一想

《江雪》中描绘了一只孤舟漂浮在江面上的画面。亲爱的同学们，你们一定见过船吧？那么你有没有想过，为什么船可以浮在水面上呢？

在电视上，我们能看到万吨巨轮在浩瀚的大海里遨游；在公园里，我们也可以观察到小船漂浮在平静的湖面上；大家平时用纸叠的小纸船也能在水面上游走。那么这些现象背后的科学原理又是什么呢？

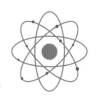

遇见科学家：阿基米德

当我们站在地面上时，受到了两个力，一个是重力，一个是支持力。那么当物体漂浮在水面上呢？其实道理是一样的，比如船，在水面上同时受到自身重力和水的浮力的作用，这两个力也是大小相等、方向相反的。只有受力平衡，船才能漂浮在水面上。

说到浮力，不得不提到阿基米德（公元前287—公元前212），他是古希腊的力学家、数学家、哲学家，享有"力学之父"的美称。

阿基米德出生在西西里岛的叙拉古，父亲是天文学家和数学家，学识渊博，为人也十分谦逊。阿基米德从小就受到家庭的影响，对数学、天文学等自然科学产生了浓厚的兴趣。

公元前267年，阿基米德被父亲送到亚历山大城跟随欧几里得的学生埃拉托塞和卡农学习。亚历山大城位于尼罗河口，是当时世界的文化、贸易中心，学者云集，人才荟萃，被世人誉为"智慧之都"。

阿基米德在这里学习和生活了许多年，他兼收并蓄了东西方和古希腊的优秀科学文化遗产，对其后的科学生涯产生了重要的影响，为阿基米德日后从事科学研究奠定了基础。

　　关于阿基米德是如何发现浮力的，有一个流传很广的故事。

　　有一次，叙拉古的国王让金匠做一顶纯金的王冠，做好后，国王疑心金匠在金冠中掺了银子，但这顶金冠却与当初交给金匠的纯金一样重。国王将金冠交给了阿基米德，让他鉴定金匠有没有捣鬼。阿基米德冥思苦想出很多方法，但都失败了。

　　直到有一天，阿基米德坐进澡盆时，看到水往外溢，同时感到身体被轻轻推起，他恍然大悟。原来他想到，如果王冠放入水中后，排出的水量不等于同等重量的金子排出的水量，那肯定是掺了假。

这就是有名的阿基米德原理，也称浮力定律，即浸在液体中的任何物体都受到向上的浮力，其大小等于物体排开的液体重量。当物体受到的浮力大于物体本身的重力时，物体就会上浮。反之，物体受到的浮力小于所受到的重力时，物体就会下沉。

当然，阿基米德不仅发现了浮力定律，而且还有其他很多的成就，比如杠杆原理和很多的机械应用。例如使用杠杆原理制造的投石器，帮助叙拉古城抵御了外敌的入侵。他曾说过一句非常有名的话："给我一个支点，我可以撬动整个地球。"

除此之外，阿基米德在数学和天文学上还有很多的研究和发现，可以说他是古希腊时期"百科全书"型的科学家。正如我们上面所说，船之所以能在水面上漂浮，是因为船受到的浮力等于重力。不过也有的同学会问，为什么会有沉船的情况发生呢？回答这个问题之前，我们可以先做个小实验。

把橘子放在水里，是会浮起来，还是沉到水底呢？如果把橘子的皮剥掉后放到水里，又会是怎样的情况呢？

小实验：橘子沉浮

实验准备：

扫描二维码
就可观看视频

若干橘子、透明容器和水。

实验步骤：

1

先将完整的橘子放入装有水的容器内，我们可以看到，橘子能够浮在水面上，没有沉底。

将橘子剥皮后，放入容器内，看看橘子还能浮在水面上吗？

你看到了吗？剥了皮的橘子竟然沉到了水底！好奇怪呀，橘子去掉皮之后，重量肯定会减少，为什么却沉了下去呢？

事实上，一个完整的橘子，橘皮包裹住的不只是橘瓣，还有在橘皮和橘瓣之间的空气，所以整个橘子的密度比水小，橘子会浮在水面；而剥去橘皮后的橘瓣，大部分是糖水，小部分是固体物，整体密度比水大，因而会沉入水底。

什么是物体的密度？

前面我们提到了一个很重要的概念，就是物体的密度。密度指的是单位体积内物体的质量。比如同样 1 升的空气和 1 升的水，空气很轻，密度就小，而水的密度比空气要大很多。

我们把相同体积的实心铁块和木块放到水里，木块

的密度比水小，所以能够浮在水面，而铁块的密度比水大，所以就会沉到水底。

钢铁制成的轮船之所以能够浮在水面上，并不是因为铁的密度比水小，而是因为轮船内部有很大的空间是空气，并不是实心的。所以，你也可以认为轮船的密度远比铁块的密度要小很多，能够浮在水上的原因就在于此。

但如果轮船底部出现裂缝，水灌进船里，那么轮船的整体密度增加，重力超过浮力，就很有可能出现下沉的悲剧了。你听说过泰坦尼克号沉船事件吗？

1912 年，载有 2224 人的泰坦尼克号邮轮开始了它的第一次航

行。在当时，它被称为是一艘永不沉没的轮船。但意外的是，由于工作人员的疏忽，轮船撞到了冰山上，冰山在轮船上划出一条裂缝，导致海水灌进了轮船里。随着水量的增加，人、船和水的总重力超过了浮力，使轮船受力不平衡，最终沉入了海底。在这场海难中1500余名乘客和船员丧生。

　　不管是轮船还是其他漂浮在水上的东西，只要受到的浮力和重力大小相等、方向相反，它们就不会沉入水中。

为什么潜水艇可以浮起来和沉下去?

除了可以在水上漂浮的船舶，还有一种可以潜入水中的"船舶"，它就是潜水艇。为什么潜水艇既可以浮在水面上，又能潜入水中？它是怎么做到的呢？

其实潜水艇的工作原理并不复杂。它有多个蓄水舱，潜水艇的上浮和下沉都和这些蓄水舱密切相关。当把水注入蓄水舱时，潜艇的重量逐渐增大，一旦大于水的浮力，潜水艇就开始下沉。而且注水越多，下潜的深度越深（深度越深，海水密度越深）。反之，当把蓄水舱的水排出时，潜水艇的重量随之减小，潜水艇就自然而然地上浮了。

一旦潜水艇的重量小于所受的水的浮力，它就会浮出水面。当蓄水舱里的水量不变时，潜水艇就保持相应的深度。道理是不是很简单呢？现代化的潜水艇不再单纯依靠蓄水舱，而是附加动力控制潜水艇的沉浮。潜水艇内配备有氧气装置，可以供艇内人员呼吸。

第一艘有文字记载的潜水艇是 1620 年荷兰裔英国人克尼利厄斯·雅布斯纵·戴博尔建造完成的。第一次世界大战后，潜水艇被广泛用于军事。如今，潜水艇更多的是用作军事目的，它隐蔽性超强，能在水下发射鱼雷、导弹等。

所以，潜水艇的军事威力可不能小瞧！当然，潜水艇在海洋科学研究、能源勘探甚至水下旅游观光等方面也都有广泛的应用。

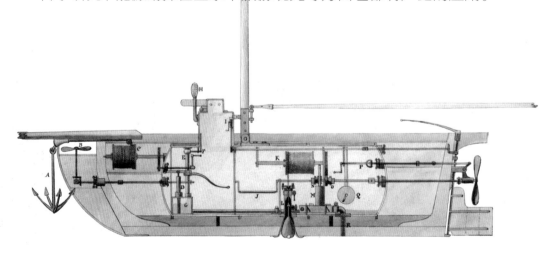

船为什么可以前进？

　　鸟儿挥动翅膀可以展翅高飞，鱼儿摆动鱼鳍可以在水中畅游，人迈出双腿可以向前奔跑。那船舶是怎么前行的呢？它的"翅膀"在哪里呢？

　　船能航行的秘密就在于作用力与反作用力，它的"翅膀"其实就是船舶动力装置。虽然船舶种类繁多，各式各样，但是它们前进都需要动力。动力使船向后推水，水自然而然形成反作用力向前推船，这样船就能在水中"畅游"了。随着船舶的不断发展和演变，船舶动力装置也在不断地演变。

　　目前，船舶的推进力已由早期的人力、风力逐步发展为机械驱动。船舶前进最简单的方法就是靠人力划动，这些船舶一般都配备有桨或橹。通过人力向后划动这些工具，船舶向后推水，水对船舶产生反作用力，船舶就可以前进了。也有靠风力前行的船舶，如帆船。帆的作用是将风力转化为动力，使船前进。

而机械驱动是现代化船舶前进的最主要动力，一般这种船舶都装有螺旋桨。早期，船舶是靠蒸汽机将热能转化为机械能推动在水中的轮子转动前行。如今，柴油机、燃气轮机、核动力装置等都能用来当船舶的动力装置使船舶运行。目前船前行还是以柴油机推动为主。现代化的机械驱动明显比人力更加快速和方便。

诗词加油站

描写舟船的古诗词

　　舟或船，是古人水上出行的一种重要交通工具。无论是乘船出行时观看两岸的景色，还是在岸边欣赏水面上的船，都很容易激发诗人、词人的写作灵感。

《滁 (chú) 州西涧》
唐 韦应物

独怜幽草涧边生，
上有黄鹂深树鸣。
春潮带雨晚来急，
野渡无人舟自横。

《宿建德江》
唐 孟浩然

移舟泊烟渚，
日暮客愁新。
野旷天低树，
江清月近人。

《江上渔者》
宋 范仲淹

江上往来人，
但爱鲈鱼美。
君看一叶舟，
出没风波里。

《秋江写望》
宋 林逋

苍茫沙嘴鹭 (lù) 鸶 (sī) 眠，
片水无痕浸碧天。
最爱芦花经雨后，
一篷烟火饭渔船。

《江上看山》
宋 苏轼

船上看山如走马，倏 (shū) 忽过去数百群。
前山槎 (chá) 牙忽变态，后岭杂沓 (tà) 如惊奔。
仰看微径斜缭绕，上有行人高缥缈。
舟中举手欲与言，孤帆南去如飞鸟。

《舟过安仁·其三》
宋 杨万里

一叶渔船两小童，收篙 (gāo) 停棹坐船中。
怪生无雨都张伞，不是遮头是使风。

上面这些诗词中，有的是作者在乘坐船时写的，有的是通过河岸边的观察所描绘的，你更喜欢哪一首呢？

思考题

1.你听说过"沉李浮瓜"这个成语吗？西瓜明明比李子要重很多，但放在水里，却能浮在水中，而李子却会沉到水底。根据我们所学到的内容，你能说说这是为什么吗？

2.很多大型轮船，头部都是尖形的，你知道为什么这样设计吗？

② 无边落木萧萧下，不尽长江滚滚来
——为何秋天树叶会飘落到地上？

"无边落木萧萧下，不尽长江滚滚来。"这一诗句出自唐代诗人杜甫的诗作《登高》，全诗为：

风急天高猿啸（xiào）哀，渚（zhǔ）清沙白鸟飞回。

无边落木萧萧下，不尽长江滚滚来。

万里悲秋常作客，百年多病独登台。

艰难苦恨繁霜鬓（bìn），潦倒新停浊（zhuó）酒杯。

诗词赏析

译文： 秋风袭来，猿猴在十分悲哀地啼叫着，水清沙白的河洲上，有鸟儿在天空盘旋。落叶一望无际萧萧地飘下，长江之水滚滚涌来奔腾不息。万里漂泊中，常以悲伤作为对秋天景色的感慨，一生多病，今日独自站在高台之上。经历了艰苦的岁月，双鬓长满了白发，疾病缠身连这浇愁的酒也喝不了了。

杜甫《登高》这首诗，通过站在高处所见的秋江景色，表达了自己长年漂泊、老病孤愁的复杂感情。整首诗大气恢宏、动人心弦，同时又充满悲伤之情。

诗人小档案

杜甫

杜甫（712—770），字子美，自号少陵野老，唐代伟大的现实主义诗人，与李白齐名，世称"李杜"。后世称杜甫为杜拾遗、杜工部，也称他杜少陵、杜草堂。杜甫出生于河南巩义，原籍湖北襄阳。杜甫从小就展现出非常惊人的才华，七岁就能作诗。青年时期的杜甫参加进士考试，落第后游历四方，并在途中遇到李白，两人成为好友并同游。

天宝五载（746年），杜甫参加了由李林甫操纵的一次考试，落入骗局。其后栖身于长安近十年，在此期间历尽艰辛。这段经历，也使杜甫看到了人民的疾苦、国家的安危，对当时唐朝的黑暗政治也有了较深的认识。

安史之乱，杜甫被迫逃至凤翔谒见唐肃宗，做了左拾遗，不久被贬为华州司功参军。后弃官南行，到四川定居于成都浣花溪畔。杜甫在成都有一段时间生活相对安定。但后来因剑南兵马使叛乱，成都混乱，晚年携家出蜀。大历五年（770年）冬，杜甫病逝在湘江上的小舟中，享年59岁。

杜甫一生共有约1400首诗歌被保留了下来，大多集于《杜工部集》。他在中国古典诗歌中的影响非常深远，被后世尊称为"诗圣"，他的诗被誉为"诗史"。

诗词中的哲理

　　杜甫《登高》这首诗内容丰富，感情深厚，字里行间既表达出诗人长年漂泊、老病孤愁的身世之悲，也抒发了他对国运艰难的担忧之情。可以说这首借景抒情的《登高》，是诗圣杜甫忧国忧民的现实主义"诗史"中的经典之作。

　　试想一下，如果当时唐朝国泰民安，一片繁荣，那么杜甫还会写出这样忧国忧民的诗句吗？其实，国家的兴衰和我们每个人的命运都是息息相关的。国家越是强大、兴旺，人民的生活越是幸福安康。所以，作为青少年，无论是现在还是未来，都应该把祖国放在心中，努力提高自己，将来为国家的富强尽一份力。

想一想

诗句"无边落木萧萧下，不尽长江滚滚来"描绘出这样的画面：无边无际的落叶从空中落下，无穷无尽的长江之水滚滚而来。看到这样的画面，你会想到什么？

落叶飘向地面，江水从高往低处流，看似是很普通的场景，里面却蕴含了一个物理学最重要的知识。你知道是什么吗？答案是：重力。

重力是什么？

无论你的弹跳力有多好，只要跳起来，最后还是会落回到地面，是因为我们的体重太重了吗？其实并不是。这是由于重力的存在。由于地球的吸引而使物体所受到的力，叫作重力，它的方向总是竖直向下的。

地面上处在同一点的物体所受到重力（G）的大小跟物体的质量（m）成正比。当物体的质量一定时，物体所受重力的大小和重力的加速度（g）成正比，它们之间的关系可以用关系式 $G=mg$ 表示。通常情况下，在地球的表面附近，g 的值约为 9.8 牛 / 千克，该单位表示：质量为 1 千克的物体所受到的重力是 9.8 牛。

与重力相关的还有两个重要的概念——超重和失重。超重是指物体对支持物的压力（或对悬绳的拉力）大于物体所受重力的现象。失重指的是物体对支持物的压力（或对悬绳的拉力）小于物体所受的重力的现象。

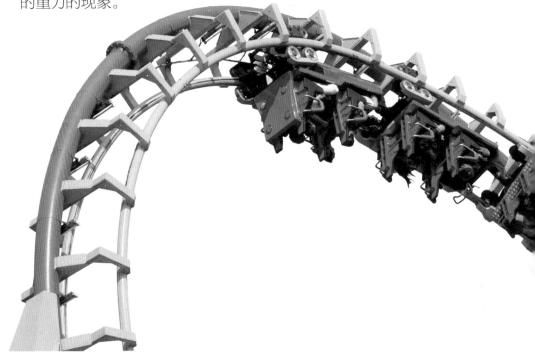

一般情况下，在同一地点，同一物体所受的重力是恒定的。所以落叶飘向地面，江水从高往低处流，这些物体从较高位置往低处运动，其实都是因为受到了重力的影响。

那么，是谁发现了重力？

遇见科学家：牛顿

万有引力定律的发现者，大名鼎鼎的英国物理学家艾萨克·牛顿（1643—1727），早在17世纪60年代就开始对万有引力进行广泛、深入的研究。

1643年，牛顿出生在英格兰林肯郡乡下的一户人家里，据说他是一名早产儿，所以出生的时候非常小，幼年体质羸弱，不过这并没有妨碍牛顿在后来成为伟大的物理学家、数学家、天文学家。

牛顿从小很喜欢读书和学习，但是由于母亲的阻止，他被迫中途退学，在农场干活。不过，一有时间，牛顿就

27

会坐在草堆旁看书。这一切都被牛顿的舅舅看在眼里，他劝说牛顿的母亲让他继续上学。

牛顿后来被送到格兰瑟姆的文科学校读书，并成为该校最出色的学生。19 岁时，牛顿到久负盛名的剑桥大学求学，并在那里开始了自己的科学生涯。

1665 年，也就是牛顿 22 岁时，他发现了二项式定理，并基于此发展出了数学中的微积分。他还通过对光的研究，提出了光的颜色理论。

当然，牛顿最为著名的发现，还是万有引力。而关于万有引力的发现，有个流传甚广的故事。

相传某天，牛顿正在一棵苹果树下思考问题，突然一个苹果掉落在他的头上。一般人可能觉得这是一个再正常不过的现象，可是牛顿却想：为什么苹果会落下来而不会飞向天空呢？

随着对这一问题的深入研究，牛顿终于发现了万有引力定律，1687年出版了《自然哲学的数学原理》，归纳了天体力学和地面力学的基本原理和规律。万有引力定律的内容是，任意两个质点通过连心线方向上的力相互吸引。该引力的大小与它们的质量乘积成正比，与它们距离的平方成反比，与两物体的化学本质或物理状态以及中介物质无关。运用万有引力定律能对两个物体之间相互吸引做出很好的解释，同样也解释了苹果之所以落在地上，就是因为地球和苹果之间的引力作用。

牛顿由一个苹果所发现的万有引力定律，为物理学的发展奠定了坚实的基础。运用万有引力定律同样也能够对宇宙天体之间的相互作用进行很好的解释。

$$F = G\frac{Mm}{r^2}$$

为什么万有引力又常被称作重力呢？其实，这是两个截然不同的概念。一方面，由于万有引力的存在，物体才会被地球吸引而产生重力，所以重力可以视为万有引力的一部分。从方向上来看，万有引力朝着两个物体的中心，而重力则是竖直向下。

另一方面，地球表面的物体会跟随地球自转而产生向心力，这是万有引力的另一部分，但由于向心力相对重力很小，所以一般人们默认重力和万有引力相等。

牛顿发现了万有引力，揭开了重力的"面纱"，为了纪念他的伟大发现，力的单位被命名为牛顿。

谁先落到地面？

　　物体受到重力的影响，会从高处往低处运动，那么，这里就有一个问题：不同质量的物体，从同样高的地方下落，哪个先落地呢？是不是越重的东西，下降的速度越快呢？

　　据传，意大利著名的物理学家伽利略在 16 世纪末就做过这样的实验：比萨斜塔铁球实验。

　　他站在比萨斜塔上，手中拿着两个不同质量的铁球，一个铁球的质量是另一个铁球的 10 倍。他将两只手同时松开，人们看到两个铁球同时落到地上。实验结果是当时的人们没有想到的，推翻了在人们思想中根深蒂固地存在了两千多年的亚里士多德的理论（重物比轻物下落快），这个实验也为物理学的发展史添上了重要的一笔。

　　实验证明了两个不同质量的铁球从同样的高度同时下落后会同时落地，但如果两个物体的材料构成不同，是不是也会同时落地呢？

例如不同质量的羽毛和铁块谁先落地呢？

如果我们自己做一做实验就会很明显地发现，羽毛下落速度明显慢了。

这种现象就是亚里士多德理论提出的依据。但是这样的实验没有将空气阻力考虑进去，羽毛在下落过程中会受到很大的空气阻力。如果这个实验在一个真空的环境中做，就会出现羽毛和铁块同时落地的结果了。

伽利略提出了真空实验的假设，但当时无法提供一个真空的环境，也就未能做这样的实验。科技发展到今天，人们已经能够在一个真空环境中观察到伽利略所提出的实验现象了。

物体的重心是什么意思？

在地球表面，物体的各个部分都会受到重力的作用。但是，从效果上看，可以理解为各部分所受到的重力作用都集中于一点，这个点就是重力的等效作用点，也叫作物体的重心。

关于物体的重心位置，不同的物体是完全不相同的。质量分布均匀的物体，重心的位置通常只跟物体的形状有关。形状规则的均匀物体，它们的重心就在几何中心上。例如，均匀圆柱体的重心在轴线的中点，均匀球体的重心在球心，均匀细直棒的中心在棒的中点。不规则形状物体的重心，可以利用悬挂法来确定。有一点要说的是，物体的重心，并不一定在物体上。

质量分布不均匀的物体，其重心的位置除了跟物体的形状有关外，跟物体内质量的分布也有关系。比如说载重汽车的重心通常会随着装载货物的多少和装载位置的不同而有差异，起重机的重心也会随着所载物体的

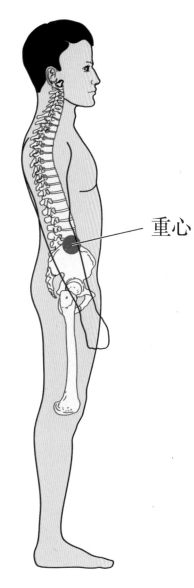

重心

重量和高度的变化而产生变化。

　　重心位置的测定在工程学方面有着非常重要的意义。例如对于机床上高速旋转的轮子而言，如果重心不在转轴上，就很容易引发严重的事故；而当起重机在工作时，重心位置不合适的话，起重机就极容易歪倒而带来安全隐患。增大物体的支撑面，降低物体重心，有助于提高物体的稳定程度。

关于重心，可能很多同学并不是很了解，那么下面我们就通过一个小实验来感受一下。

小实验：神奇小棉签

实验准备：

扫描二维码
就可观看视频

玻璃杯、棉签、打火机、叉子和勺子。

实验步骤：

特别提醒：
用火需要注意安全，
青少年应在家长的
看护下进行实验。

将勺子和叉子插在一起，勺子可以插入叉齿之间的缝隙中。

将棉签一端穿过叉子中间的空隙，在勺背一面露出棉签约 1/4 的长度。

调整棉签搭在玻璃杯沿的位置，
能让刀叉和棉签刚好搭在玻璃杯上。

把杯口内的棉签的一端点燃，
猜一猜叉子和勺子会不会掉下来？

快看，岌岌可危的棉签，竟然支撑起了叉子和勺子！这是为什么呢？

　　在这个实验中，棉签烧光了一部分，平衡竟然也没有被破坏，这其实与物体的重心有关。在这个平衡实验中，我们可以把勺子、叉子和棉签看成一个整体，而它的重心就刚好在棉签和杯子相互接触的那个点上。

　　即使我们点燃杯口里面的棉签头，一直燃烧到玻璃杯沿，只要重心还能落在杯沿上，刀和叉就还可以在那里继续保持平衡不掉落下来。

不倒翁为什么不倒?

同学们，你会制作不倒翁吗？你知道不倒翁为什么不倒吗？

制作不倒翁需要的工具有生鸡蛋、牙签、橡皮泥等。首先需要用牙签在一个完好的鸡蛋一端扎开一个小洞，最好选取鸡蛋尖的这头。慢慢地将鸡蛋中的蛋黄和蛋清全部倒出来后，对里面进行清洗。将这个小洞稍稍挖大一点，再把橡皮泥从孔中填充到鸡蛋的下方，粘在鸡蛋壳的内部。最后把小洞封好，在外面进行一些美化装饰，一个不倒翁就制作完成了。

不倒翁的制作运用了重心越低物体就越稳定的原理，这个的小玩具也是设计得非常巧妙啊。如果不倒翁竖直放置并处于一个平衡的状态下，这时候不倒翁的重心就是最低的。用手拨动不倒翁，它便会偏离平衡位置，重心也会随之升高。但是物体会趋于稳定，于是将再次回到重心最低最稳定的状态。就这样，不论你是向左或右还是向前或后拨动不倒翁，它都不会被推倒。

尽量降低重心以增强稳定性，这种原理在生活中也经常被应用。家里的落地电扇会有一个比较大比较重的底座，这样重心就在这个底座上了，电扇就不会在吹风的时候东倒西歪了。马路边的那些汽车站牌同样也有一个较大较重的底座，用来保证站牌立在那里不易歪倒。

诗词加油站

描写落叶的古诗词

通过上面的介绍，我们了解到落叶受到了重力的影响，从而飘落到地。虽然说叶落是自然界不可避免的规律,听起来有些令人伤感,但在文人笔下，往往能产生别样的精彩。

《题落叶》
唐 司空曙

霜景催危叶, 今朝半树空。
萧条故国异, 零落旅人同。
飒(sà)岸浮寒水, 依阶拥夜虫。
随风偏可羡, 得到洛阳宫。

《落叶》
宋 王周

素律铄(shuò)欲脆,
青女妒复稀。
月冷天风吹,
叶叶干红飞。

《忆江上吴处士》
唐 贾岛

闽(mǐn)国扬帆去,
蟾蜍亏复圆。
秋风生渭水,
落叶满长安。
此地聚会夕,
当时雷雨寒。
兰桡(náo)殊未返,
消息海云端。

《落叶送陈羽》
宋 韩愈

落叶不更息, 断蓬无复归。
飘飖终自异, 邂逅暂相依。
悄悄深夜语, 悠悠寒月辉。
谁云少年别, 流泪各沾衣。

《落叶》
唐 修睦

雨过闲田地，重重落叶红。
翻思向春日，肯信有秋风。
几处随流水，河边乱暮空。
只应松自立，而不与君同。

《山中》
宋 秘演

结茅临水石，淡寂益闲吟。
久雨寒蝉少，空山落叶深。
危楼乘月上，远寺听钟寻。
昨得江僧信，期来此息心。

《少年游》
宋 晏殊

重阳过后，
西风渐紧，
庭树叶纷纷。
朱阑（lán）向晓，
芙蓉妖艳，
特地斗芳新。
霜前月下，
斜红淡蕊，
明媚欲回春。
莫将琼萼（è）等闲分，
留赠意中人。

上述诗词中，你最喜欢哪首描写落叶的句子呢？不妨背下来，有机会可以写在你的作文中。

思考题

1.人、动物、植物、建筑等，之所以能处于稳定的状态，其实都和重力的影响有关。如果忽然间地球失去引力，会发生什么？你可以大胆想象一下。（提示：后果是很可怕的哦！）

2.生活中，我们也会有重心不稳而摔倒的情况，那么对于我们人体来说，重心在什么位置呢？坐着、站立、行走和蹲下时，重心的位置会发生改变吗？

❸ 日出江花红胜火，
春来江水绿如蓝
——颜色就是物体本身的色彩吗？

"日出江花红胜火，春来江水绿如蓝。"这一诗句出自唐代诗人白居易的《忆江南·其一》，全诗为：

江南好，风景旧曾谙。

日出江花红胜火，春来江水绿如蓝。能不忆江南？

诗词赏析

译文： 江南的风景如此美好，风景久已熟悉。太阳从江面升起，把江边的鲜花照得比火还红，碧绿的江水绿得胜过蓝草。怎能叫人不怀念江南？

这首诗描写了一年之春的江南景色，短短十几个字，通过对景物颜色的描写，突出了江南春天色彩艳丽和充满勃勃生机的特点，也表达出白居易对江南景色的喜爱和思念之情。在这首诗中，我们可以从初日、江花、江水的描写中感受到绚丽的色彩，层次丰富，让人几乎无须更多联想，就可以"看到"美不胜收的江南美景。

诗人小档案

白居易

白居易（772—846），字乐天，晚年号香山居士，又号醉吟先生，祖籍山西太原，生于河南新郑，是唐代伟大的现实主义诗人，也是唐代三大诗人之一。白居易的诗歌题材广泛，形式多样，语言平易通俗，有"诗魔"和"诗王"之称。

诗词中的哲理

白居易在青年时期曾漫游江南，并在五十多岁时先后担任杭州和苏州刺史，所以对苏杭的风景非常熟悉。因病卸任刺史一职后，白居易回到河南洛阳，在67岁写下《忆江南》，表达了自己对江南风景的喜爱和思念之情，以及步入晚年后，对自己年轻时期的一种追忆情绪。

人生看似漫长，但如同白驹过隙，是非常短暂的。所以，我们应该尽可能珍惜当下的时光，多做一些有意义的事情，如学习、工作、旅行等，而不要把大好的时光白白浪费掉。只有这样，我们才能在自己短暂的人生中多一些成就，多一些见识，在年老时，也会多一些美好的回忆。

想一想

诗中提到，江花在日出时被映衬得像太阳一般红，江水比蓝草还要碧绿。同学们，你们有没有想过，我们日常在生活中看到的颜色是如何产生的呢？

在有光的情况下，我们能很容易看到物体呈现的各种各样的颜色，比如说，红色的花朵、绿色的叶子、黄色的沙土等。这些五颜六色的物体，它们本身就是这样的颜色吗？

物体的颜色是它本身的色彩吗？

你可能会好奇了，我们看到的物体的颜色到底是什么呢？我们看到物体是因为光照射在物体上，而物体又对光进行了吸收和反射，我们的眼睛接收到反射的光线，通过视网膜的光感受器细胞辨别，得以分辨出物体的色彩。所以，我们所看到的颜色与物体所反射的光有关系。

实际上，因为太阳光是由多种色彩的光混合而成的，照射在一个不透明的物体上，一部分波段的光被物体吸收了，而有一些波段的光不能被吸收，物体反射这部分光并且被人眼捕捉，这部分被反射的光的颜色就是我们所看到的颜色。

我们所看到的绿色的叶子恰恰是因为它不能够吸收绿光，而将绿光反射出去。若物体将光全部反射，则物体呈现白色；如果物体把光全部吸收不反射，则物体呈黑色。而对于透明物体而言，我们所看到的颜色则是由它所能透过的光的颜色决定。例如，红色的透明物只能透过红光，我们看到的就是红色的。

所以说，我们看到的颜色并非物体本身的颜色，而与这个物体是否透明，以及其反射或者透过的光的颜色密切相关。

"三原色"
是哪三种颜色?

在我们的生活中有着五彩斑斓的颜色，其中很多颜色都可以由其他颜色"混合而成"，但是，有几种颜色却无法这样"合成"，这种颜色就是我们常说的原色。那么，你知道原色是什么色吗?

原色可不只有一种颜色，在我们肉眼所能见到的空间中，红、绿、蓝构成色光"三原色"，其余颜色的光可以通过"三原色"按不同的比例混合而产生，所以啊，原色的作用是很大的。

需要注意的是，我们常说的"三原色"中还有一种是指颜料三原色，它与上面提到的色光"三原色"（红、绿、蓝）有相似之处，但也有很多不同的地方。

颜料的三原色指的是红、黄、蓝三种颜色。或者更严格地说，应该是品红、黄色和青色三种原色。以这三种颜色为基础，可以调配出其他大多数色彩，而其他颜色则不能调配出这三种颜色。

颜料的减色混合

● 青　● 品红　○ 黄　● 黑　○ 白　● 红　● 绿　● 蓝

我们生活的世界是一个有颜色的世界，丰富的颜色让这个世界看起来更加美丽和迷人。而大自然中的五颜六色都是由红、绿、蓝这三种色光混合而成的，我们可以通过三原色套件来验证一下是不是这样。

小实验：万能的三原色

扫描二维码
就可观看视频

实验准备：

三原色套件一套。

实验步骤：

先分别打开红、绿、蓝三种颜色的灯，观察每种灯的颜色。

打开蓝光灯和红光灯，看看它们重合的部分出现了什么变化。

再打开红光灯和绿光灯，看看重合的部分又变成了哪种颜色。

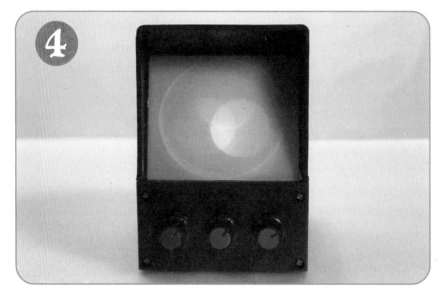

最后，将三种颜色的灯全部打开，看看重合的地方有哪些颜色的变化。

  通过实验，我们发现，红、绿、蓝三种颜色的光混合可以产生不同的颜色，如果改变原色的配色比例，那么就可以产生更多不同颜色的光。这就是著名的加色法原理，我们早期的彩色电视机就利用了这个原理。

太阳的光是红色的吗?

我们看朝阳和夕阳时，发现它们是红色的。有时用"红彤彤"来形容太阳，那么是不是太阳的颜色就是红色的呢?

实际上，太阳并不是红色的。太阳发出的光包含着红、橙、黄、绿、青、蓝、紫七种颜色的可见光。

所以，无论说太阳是哪一种颜色，似乎都不太准确。而且，我们看到的太阳的颜色在一天之间是会发生变化的哦!

在早上和晚上，我们看到的太阳是红色的。主要原因是，这时空气中水蒸气非常丰富，还有着大量的微尘，阳光透过云层，其中波长较短的蓝紫色会被散射，除此之外，这个时间太阳光的入射角小，所以光线经过大气层的路程很长，被散射掉的蓝光也就更多。

而剩下的则是波长较长的红色光等，它们穿过厚厚的大气层，直达地球表面，于是，我们就能看到红色的太阳了！这下，你知道，为什么我们看到的太阳是红色的了吧？

天空究竟是什么颜色？

为什么在晴朗的白天，天空在我们眼中是蓝色的，而在夜晚，天空又变成了黑黢黢的呢？天空为什么会变色？它到底是什么颜色的呢？在晴朗的白天，天空呈现或浓或淡的蓝色，而我们知道，地球上空被厚厚的大气层包裹，大气是没有颜色的，那么蓝色又是从何而来呢？

实际上，在晴天，太阳光穿透大气层时，波长较长的红光、橙光、黄光、绿光等会迅速地穿过大气层，很少被阻碍，而波长较短、较弱的蓝紫光等则被大气层所阻挡，并被大气层中的尘埃与水蒸气等不断地反射与折射，将大气层"染"成蓝色。

也就是说，天空本身是无色的，但是太阳光的存在使得它有了颜色。夜晚天空变成了黑色，是因为这个时候，太阳光照射到地球的另一半，而我们这一半的天空是没有太阳光的，缺少发光源，所以天空就是黑色的了。

遇见科学家：笛卡尔

其实，早在上千年前，人们对光学的研究就已经开始了。在公元前 3 世纪，古希腊著名的数学家欧几里得就写了《光学》一书，并认为人之所以能看到东西，是由于人眼可以发出光线。尽管这和我们今天所了解的光学原理有很大差异，但不可否认的是，这是人类早期对光学研究的一个重要的开始。

在公元 1000 年左右，阿拉伯光学家、数学家海赛姆通过实验证明，人之所以可以看到东西，是由于物体上的光线反射进入人眼，就此，他推翻了欧几里得的理论。海赛姆进一步还对人眼进行了细致研究，分析了人眼的构造及各部分的功能。最终，海赛姆写下

巨著《光学宝鉴》，现代光学由此发端，所以海赛姆也被称为"光学之父"。

　　说起对光学的研究，大科学家牛顿的贡献也是不言而喻的。1666 年，他用三棱镜研究日光，得出结论：日光是由多种颜色（即不同波长）的光混合而成的。1704 年，他出版了光学著作《光学》，系统阐述了他在光学方面的研究成果，并建立了光的粒子理论。

　　而在牛顿之前，还有一位物理学家，开启了近代光学研究的基础，他就是大名鼎鼎的笛卡尔。

勒内·笛卡尔（1596—1650）出生在法国图赖讷拉海的一个地位不太高的贵族家庭里，他的父亲是当地的一位议会议员，同时也是一位法官。

笛卡尔的母亲在他一岁多时因肺结核病离世，而笛卡尔也受到传染，从小体弱多病。父亲后来移居到别的城市并再婚，把小笛卡尔留给他的外祖母抚养。也就是说，笛卡尔从小是被外祖母带大的。尽管父子俩很少见面，但是笛卡尔的父亲一直寄钱给他，这让笛卡尔从小能接受到良好的教育，当然这种处境也让笛卡尔从小就养成一种独立思考的习惯。

　　8岁时，笛卡尔被送到法国的拉弗莱什耶稣学校学习。他在这所学校里学习了诸多的科目，例如数学、哲学、物理学、历史和文学等。不过随着学习的深入，善于思考的笛卡尔感到有些失望，因为那些教科书里的论证，他感觉总是模棱两可或前后矛盾，这使他备感困惑。然而，唯一能让他找到慰藉的是数学的严密性和逻辑性。

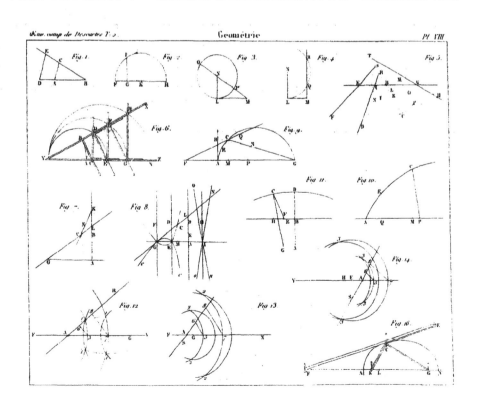

1616 年，20 岁的笛卡尔进入大学学习法律，但他并不确定自己会不会从事相关的工作，于是在两年后，他决定游历欧洲，来寻求未来自己的方向。

1618 年，笛卡尔在荷兰加入了军队。服役期间，他利用空闲钻研数学，并得到了突飞猛进的进步。

在荷兰服役 3 年后，笛卡尔回到法国，并在 26 岁时变卖了父亲留给他的遗产，然后开始游历欧洲。1628 年，笛卡尔移居荷兰，并在那里住了 20 多年。在此期间，笛卡尔对哲学、数学、天文学和物理学等领域进行了深入的研究，他的主要著作几乎都是在荷兰完成的。

笛卡尔的研究成就有很多，数学和哲学是最为出名的。他对运动着的一点设立坐标，成功地将代数和几何结合到了一起，创立了平面解析几何。在哲学方面，他被誉为西方现代哲学的奠基人，创立了一套完整的哲学体系，并留下了"我思故我在"等颇为经典的名言。

当然，作为一个"全能型"的科学家，笛卡尔靠着过人的天赋和严密的数学推理，在物理学方面也做出了诸多贡献，特别是光学的研究。

从 1619 年开始，笛卡尔就一直关注着透镜理论，并从理论和实践两方面投入对光的本质、反射与折射率以及磨制透镜的研究。

estre diuisée entre toutes les
eut imaginer qu'elle est com-
ement imaginer que celle de
vers B est composée de deux
ait descendre de la ligne AF

e bale, poussée d'A vers B, ren-
plus la superficie de la terre,

Fig. p. 17.

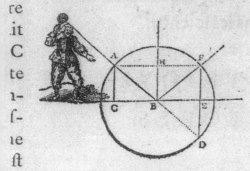

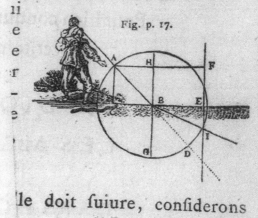

rencontre de la terre ne peut

le doit suiure, considerons

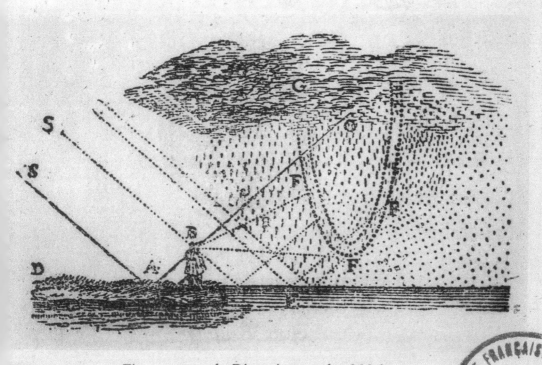

Figures pour la Dioptrique et les Météores

笛卡尔坚信光是"即时"传播的，并运用他的坐标几何学从事光学研究，在自己的著作《屈光学》中首次对光的折射定律提出了理论论证。笛卡尔从光的发射论的观点出发，用网球打在布面上的模型来计算光在两种媒质分界面上的反射、折射和全反射，从而首次在假定平行于界面的速度分量不变的条件下导出折射定律；不过遗憾的是，他的假定条件是错误的，所以得出了错误的结论。

笛卡尔还对人眼进行光学分析，解释了视力失常的原因是晶状体变形，并由此设计了矫正视力的透镜，也就是我们今天所熟知的"近视眼镜"。笛卡尔还用光的折射定律解释了彩虹现象。

这些伟大的研究发现，让笛卡尔对近代光学的发展起到了巨大的推动作用，也对后来的诸多科学家产生了深远的影响，其中就包括牛顿。

为什么说地球是个蓝色星球？

你是不是常常听人说，我们生活在一个蓝色的星球上。为什么说我们的地球是蓝色的呢？为什么不说它是绿色的或者灰色的呢？

当我们打开一张世界地图的时候，就能够找到答案了。我们会

很容易发现大片的蓝色区域，这就是我们通常所说的海洋，海洋占据了地球约 71% 的面积，如果在外太空俯视地球，就可以看到地球是一颗以蓝色为主调的美丽星球。

那么海水又为什么是蓝色的呢？这又要说到太阳光的因素了！因为当光照在海水表面，波长较长的红光、橙光等穿过海水的阻碍射向更深处，并被海水和水中生物吸收，而波长较短的蓝光和紫光，因为能量稍弱，在海面上被阻挡，发生了散射和反射，同时人眼对紫色光很不敏感，所以海水看起来是蓝色的。

诗词加油站

描写颜色的古诗词

正因为不同颜色的存在，我们的世界才如此丰富多彩，而古人通过细致的观察，也留下很多有关颜色的诗词佳句，不知道你之前是否注意过呢？

《别董大二首·其一》
唐 高适

千里黄云白日曛（xūn），
北风吹雁雪纷纷。
莫愁前路无知己，
天下谁人不识君。

《游春曲二首·其一》
唐 王涯

万树江边杏，
新开一夜风。
满园深浅色，
照在绿波中。

《长安晚秋》
唐 赵嘏（gǔ）

云雾凄清拂曙流，汉家宫阙（què）动高秋。
残星几点雁横塞，长笛一声人倚楼。
紫艳半开篱菊静，红衣落尽渚（zhǔ）莲愁。
鲈鱼正美不归去，空戴南冠学楚囚。

《初夏绝句》
宋 陆游

纷纷红紫已成尘，
布谷声中夏令新。
夹路桑麻行不尽，
始知身是太平人。

《书湖阴先生
壁二首·其一》
宋 王安石

茅檐（yán）长扫静无苔，
花木成畦（qí）手自栽。
一水护田将绿绕，
两山排闼（tà）送青来。

在上述古诗词中，你最喜欢哪一首呢？你觉得哪首作品中对颜色的描写，最为准确和传神呢？

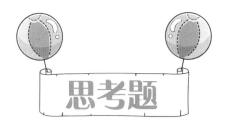

思考题

1. 生活中，我们经常会看到路边或公共场所竖立着警告牌。你有没有想过，这些警告牌为什么多是黄色或红色的呢？

2. 在雨过天晴的时候，天空中有时候会出现美丽的彩虹。你知道彩虹是如何产生的吗？为什么彩虹有七种颜色，却没有黑色呢？

④ 水光潋滟晴方好，
　　山色空蒙雨亦奇
——光是如何传播的？

"水光潋滟晴方好，山色空蒙雨亦奇。"这一句诗出自宋朝苏轼的《饮湖上初晴后雨二首·其一》，全诗为：

> 水光潋滟晴方好，山色空蒙雨亦奇。
>
> 欲把西湖比西子，淡妆浓抹总相宜。

诗词赏析

译文： 在晴日阳光的照射下，西湖水波荡漾，闪烁着粼粼的金光；在阴雨的日子里，山峦在细雨中迷蒙一片，有一种别样奇特的美。如果把西湖比作越国的美女西施，那么无论是淡妆还是浓抹，都是十分的适宜。

在这首诗中，苏轼既描写出晴日下西湖波光粼粼，又描写出雨天的山色之美，栩栩如生，美不胜收。紧接着，苏轼又把西湖比喻成西施，这种拟人化的描写，不仅恰到好处地突出了西湖之美，而且给人以想象的空间，实在令人拍案叫绝。

诗人小档案

苏轼

苏轼（1037—1101），字子瞻（zhān）、和仲，号铁冠道人、东坡居士，世称苏东坡、苏仙，眉州眉山（今四川眉山）人，祖籍河北栾城。北宋著名文学家、书法家、画家。苏轼是北宋中期文坛领袖，在诗、词、散文、书、画等方面均取得很高成就，他的诗题材广阔，笔力雄健，善用夸张比喻，独具风格。

诗词中的哲理

　　《饮湖上初晴后雨》是苏轼在杭州为官时期所写的一首诗。诗中运用比喻和拟人的手法，描绘出西湖独一无二的风光，充分表达了作者对西湖风光的赞赏和喜爱之情。也因为这首诗，西湖也被后人称为"西子湖"，这里的西子指的就是西施。

　　晴天的时候，西湖有湖光之美；雨天的时候，西湖有山色之美。很多时候，我们缺乏的恰恰是一种仔细观察和整体把握能力，在这一点上，苏轼的确让人敬佩。只有全面和细致地去观察事物，才能对事物有全面的了解和准确的判断，从而避免我们出现一叶障目、以偏概全的错误。

这首诗的第一句"水光潋滟晴方好",描绘了湖水在阳光的照射下波光闪动的样子。不知道你有没有想过这样一个问题:湖水本身会发光吗?光又是如何传播的呢?

当太阳从东边升起来的时候,地面上就有了光;当电灯打开时,黑暗的屋子里就有了光;当生日蛋糕上的蜡烛被点燃的时候,四周也会充满光;在进行化学实验的时候,也常常会看到发光的现象。那么光到底是什么?

光是如何产生的？

从发光的现象我们可以看出，光是由光源产生的，人类通过光源发出的光，才能看清这个世界。

产生光的光源是不相同的，大致可以分为三种。

第一种是热致发光，太阳就是一个很好的例子。太阳就如一个燃烧的大火球，表面的温度约有 6000 摄氏度，内部的温度有 1500 万摄氏度，因而会发出耀眼的光。热致发光有一个特性，光的颜色会随着温度的变化而变化。

第二种是原子发光，不同的原子在不同的状态下发出的光也是不一样的。

第三种是同步辐射发光，在发光的同时伴有非常大的能量。科学家们研究的原子炉发光就属于同步辐射。

光产生之后就以光子的形态存在，但是在光的传播过程中，光到底会不会消失呢？其实这个问题很有趣，现在科学上也没有统一的答案。同学们，你觉得光在传播过程中会消失吗？

光很神秘，我们不能触摸它，平时看到的光，也是光的整体，那么光到底是运动的还是静止的呢？在回答这个问题之前，你可以通过下面这个实验来寻找答案。

小实验：光的运动

在黑暗的房间里点燃一根蜡烛，可以看到，顿时光就照亮了整个房间，接近蜡烛的地方比较亮，而远离蜡烛的地方比较暗；如果在黑暗的空旷的地方点燃蜡烛，总有一些地方是没有光的。当蜡烛熄灭的时候，光也跟着消失了。

从这个实验我们可以看出，光不是静止的，而是运动的，因为当蜡烛熄灭的时候，光不见了，它在点燃的瞬间可以传播到一定的距离范围内。

光的传播速度有多快?

在古代，人们由于条件所限，觉得光速是无穷大的，任何光都是瞬间传播到另外的地方，如天上的星星所发出的光，地球上的人是即时看到的。17世纪初期，伽利略在测出了声速之后，又开始探索如何来测量光速，但是由于光速比声速快得多，因此，伽利略的实验以失败告终。

不过他的探索精神激励了之后很多的科学家不断地来测定光速，如丹麦的天文学家罗默和法国的科学家斐索也都设法通过巧妙的装置和方法测量了光速。不过现在大家所熟知的光速是美国标准局在1972年通过激光方法测量得到的。

光的速度和它的传播介质息息相关，当传播介质为真空时，光速约是299792458米每秒；而传播介质为空气时，光速比真空中的略小。

光在传播时
会拐弯吗?

在大约几千年前，我们的祖先就在思考光是如何传播的问题。通过长期的观察，他们发现在密林中射下来的太阳光是一道一道的，从小窗中照进来的太阳光也是一束一束的。人们还发现了物体会形成影子以及小孔成像

等现象，并深入思考了它们形成的原因，并把这些光学现象的规律性经验记载在著作《墨经》里。

现代科学家们研究得出：光在均匀介质中是沿着直线传播的，并不会拐弯。小孔成像以及不透明的物体在点光源的照射下会形成影子都能证明光是沿着直线传播的。在学习和科研的过程中，为了形象地表示光的传播过程，我们会用一根带有箭头的直线来表示光及其方向，这根线可以叫作光线。

人类也一直在利用光的直线传播。在古代，我们的祖先就设计了圭表和日晷,通过光直线传播所形成的影子来测算时间以及季节。现在的一些摄影设备，如照相机和摄影机的工作机制也都是利用了光的直线传播原理。

遇见科学家：菲涅耳

　　在物理学的历史上，有很多著名的科学家，例如我们之前提到的伽利略、牛顿、笛卡尔等，但可能很多同学并不是都知道菲涅耳的大名，而在近代物理光学领域，菲涅耳的贡献却是巨大的，可以说，他是近代光学的奠基人。

　　奥古斯丁 - 让·菲涅耳（1788—1827），是法国著名的物理学家，出生于一个建筑师的家庭。在小时候，菲涅耳并

没有表现出过人的天赋，而且据记载，他在学习上似乎还有一些迟钝，一直到 8 岁还存在阅读障碍的问题。

但有趣的是，从 9 岁开始，菲涅耳似乎一下开窍了，他开始对科学产生了浓厚的兴趣。

18 岁时，菲涅耳进入法国巴黎综合中央理工大学，正式接受系统全面的教育，这个时候他开始逐渐展露出自己的聪明才智。在校期间，尽管菲涅耳一直体弱多病，但他依然孜孜不倦地学习，成绩优异，在绘画和几何学方面的表现尤为突出。

大学毕业后，菲涅耳进入法国路桥学校继续深造，并取得了土木工程师资格证，随后他成为政府机关的一名工程师，主要从事道路设计和建造的工作。在工作之余，他一有时间就研究自己所感兴趣的光学。

当然，菲涅耳很有可能一辈子都会从事道路的设计和建造工作，不过在他工作了几年之后，出现了一段小插曲，改变了他的人生。那是在 1815 年，当时的拿破仑一世返回巴黎复辟执政，而菲涅耳公开反对拿破仑，因此而被解除了职务。在被解除职务期间，菲涅耳终于有了时间，开始充分研究自己所喜爱的光学。菲涅耳开始了几项光学研究，其中关于光的衍射研究甚至引发了后来的光学革命。

几个月后，随着拿破仑遭遇战败而被流放，菲涅耳又恢复原职，但显然，此时的他更愿意把时间花在光学的研究上，而不是道路建设上。当时，在光学领域有两种主流，一种是以牛顿为代表的微粒学说，认为光是由微粒组成，另一种是以惠更斯为代表的波动学说，认为光是一种波。这两种理论在科学界都有众多的支持者，两种理论的对立也被称为"波粒战争"。

1818 年，菲涅耳参加了法兰西科学院举行的衍射问题的征文竞赛，并向组委会提交了一篇论文，而这篇论文的核心就是后来被人们称为惠更斯 – 菲涅耳原理的理论。

惠更斯是荷兰科学家，他曾经提出了著名的惠更斯原理：波面上的每一点都是新的波源，这种波源发出的波被称为"子波"，子波所形成的"包络面"就是原波面经一定时间传播后的新波面。根据他提出的原理，可以很好地解释光的直线传播、反射和折射的现象。

但惠更斯原理也有明显的缺陷，

一是无法定量计算衍射波的强度分布，二是根据此理论，会有倒退波出现，这明显和现实不符，也就成了微粒学说的"攻击方向"。

而菲涅耳在惠更斯原理的基础上，往前跨越了一大步。他对子波的振幅和相位作了定量描述，同时又引入了子波相干叠加的概念，最终形成了著名的惠更斯－菲涅耳原理。

菲涅耳的论文非常严谨，推导过程也天衣无缝，令当时的评委为之赞叹。不过，在这场竞赛中，评委中很多科学家都是微粒学说的支持者，他们一开始对菲涅耳的理论是充满质疑的，况且菲涅耳的背景仅仅是一位在政府机关工作的道路工程师。不过，菲涅耳以其严谨的论文内容和扎实的衍射实验结果，让所有人心服口服，最

终获得了这次竞赛的胜利并赢得大奖。

在同一年，菲涅耳还发明了一种新型透镜，具有体积更小、镜片更薄、透光性更好的特点，最早被运用在灯塔上，而后被广泛应用于生活中，例如今天的汽车车灯、闪光灯等。

除了光的衍射，菲涅耳在偏振方面也有很深入的研究，提出了著名的菲涅耳公式，并解释了反射光偏振现象和双折射现象。

由于他在光学方面的突出成就，1823 年，菲涅耳当选为法兰西科学院院士，两年之后，他又当选为英国皇家学会会员。不过令人惋惜的是，1827 年菲涅耳因为感染上了结核病，不幸离世，享年39 岁。

为了纪念菲涅耳，他的名字被刻在法国巴黎著名的埃菲尔铁塔上，足可见他在科学界的影响力。

小实验：小孔成像

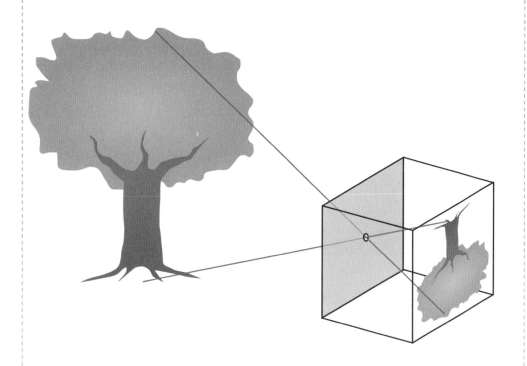

　　小孔成像其实是一种物理光学现象，当用一个带有小孔的板子遮挡在屏幕和物体之间，屏幕上就会形成物体的倒像（如上图），这种现象就是小孔成像。我们也可以动手来做小孔成像的实验。

　　首先用一个很细很尖的物体在硬纸板上扎一个很小的小孔，小孔的直径最好是毫米级，然后将硬纸板固定在桌子上；在光线比较暗的屋子里，点燃一根蜡烛，蜡烛放置在离硬纸板小孔的不远处，在硬纸板的另一边，平行竖置一张白纸，我们就可以看到蜡烛在白纸上的成像了，这个像是倒立的蜡烛火焰；当我们前后移动白纸时，蜡烛火焰的倒立像也会发生变化。

　　一般而言，当白纸离小孔较近的时候，蜡烛的像会比较小且明亮；当白纸离小孔较远的时候，蜡烛的像就会比较大但是比较暗。

　　小孔成像的原理是光的直线传播，我们可以将蜡烛火焰看成是一个个的点光源，当其经过小孔的时候，由于只能直线传播，因此，该点光源在小孔后面的成像是倒立的了；但是当小孔比较大，蜡烛火焰光都能传播过去的时候，就会将白纸全部照亮了。

所有的光都能看得到吗?

　　光，我们虽然触摸不到，但通常我们还是可以看得到的，但是否存在一些不可见的光呢?

　　其实，人类所能感知到的光的范围还是比较小的，一般而言，波长为 380 ~ 780 纳米范围内的光，我们人类是能够看到的。

　　不过利用仪器，科学家们发现了一些我们看不到的光，这种人眼不能直接看到的光就是不可见光。如果按照广义上的定义，那么

不可见光可以笼统地认为是除可见光之外所有的人眼不能感知到的电磁波，这些电磁波按照波长的大小排序，分别为无线电波、微波、红外线、紫外线、X 射线、γ 射线等。

不可见光和可见光，它们具有相同的光速，但是由于波长不同，因此，它们的频率也有所不同。

首次发现紫外线的科学家是德国物理学家里特。1801 年，里特在研究光谱对氯化银底片的感光作用的时候，发现随着太阳光向着紫光方向移动，氯化银的化学活性增加，并且在紫外的部分，仍然存在着一种看不见的光辐射，可以让氯化银变黑，他把这种光叫作紫外线。

紫外线虽然看不见，但是它对于我们人体有非常重大的影响，紫外线除了可以用来感光底片之外，还可以用来杀菌，不过大家也要注意，过多的紫外线对我们人体也是有害的。

诗词加油站

描写光的古诗词

无论是和煦的日光，还是皎洁的月光，或是事物反射出的亮光，光的存在，为我们的世界带来了温暖和明亮。在古诗词中，也有很多对光的描写的佳句，让我们一起来看一下吧。

《春江花月夜》（节选）
唐 张若虚

春江潮水连海平，
海上明月共潮生。
滟滟（yàn）随波千万里，
何处春江无月明？

《江楼感旧》
唐 赵嘏

独上江楼思渺然，
月光如水水如天。
同来望月人何处，
风景依稀似去年。

《客中作》
唐 李白

兰陵美酒郁金香，
玉碗盛来琥珀光。
但使主人能醉客，
不知何处是他乡。

《昌谷读书示巴童》
唐 李贺

虫响灯光薄，
宵寒药气浓。
君怜垂翅客，
辛苦尚相从。

《日日》
唐 李商隐

日日春光斗日光，
山城斜路杏花香。
几时心绪浑无事，
得及游丝百尺长。

《采菱行》
（节选）
唐 刘禹锡

白马湖平秋日光，
紫菱如锦彩鸳翔。
荡舟游女满中央，
采菱不顾马上郎。

《夜行观星》（节选）
宋 苏轼

天高夜气严，列宿（xiù）森就位。
大星光相射，小星闹若沸。
天人不相干，嗟（jiē）彼本何事。
世俗强指摘，一一立名字。

亲爱的同学们，在以上这些描写光的古诗词中，你最喜欢的是哪一句呢？如果让你来写，你会怎样描写自然光？

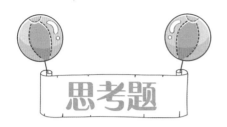

思考题

1.光的传播速度很快，而且也有一定的强度，但是为什么光在传播过程中会越来越弱，最后消失了呢？消失的光都去哪了呢？

2.当灯光照到人身上或物体上时，光线被遮挡住，难免会产生影子。但是我们知道在医院的外科手术室，医生会使用无影灯来进行手术（减少影子对手术的干扰），那么无影灯是什么原理呢？

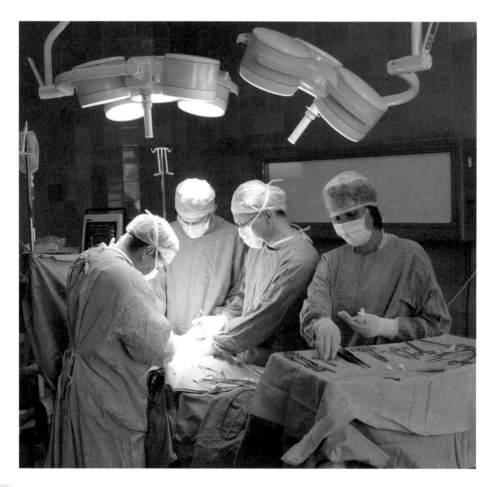

⑤ 潭清疑水浅，荷动知鱼散
——为什么水越清看着越浅？

"潭清疑水浅，荷动知鱼散。"这一诗句出自唐代储光羲的《钓鱼湾》，节选如下：

垂钓绿湾春，春深杏花乱。

潭清疑水浅，荷动知鱼散。

诗词赏析

译文： 绿荫中有几树红杏，杏花开满枝头，不胜繁丽。春色渐浓时，一位小伙子驾着一叶扁舟，来到了钓鱼湾钓鱼，他俯首观看碧潭，水清见底，因而怀疑水浅会没有鱼来上钩；蓦然间，看到荷叶摇晃，才知水中的鱼受惊游散了。

这四句诗通过描绘绿荫、杏花、荷叶、游鱼，勾勒出一幅生机勃勃的河边春景。语言并不华丽，但却巧妙地描绘出一幅生动立体、颜色饱满的景象，展现出诗人令人赞叹的洞察力和文字造诣。

储光羲

储光羲（707—763），唐代诗人，开元十四年（726年）考取进士，曾为安宜县尉，后转下邽（guī）尉。天宝六载（747年）升任太祝，不久转监察御史。安禄山陷长安时，被叛军俘获受伪职。安史之乱后，被贬谪。储光羲是盛唐时期著名的田园山水诗人之一，擅长以质朴淡雅的笔调，描写恬静淳朴的农村生活和田园风光。

诗词中的哲理

　　作者发现荷叶摇晃，便知道水中的鱼受到惊吓而游散。这种细腻的观察和思考，体现出一种见微知著的能力。见微知著指的是看到细微的变化或苗头，就能预知事物未来的发展方向，或是通过表面现象，挖掘出背后的本质和原因。

　　你一定听说过，瓦特通过观察水壶烧水而改进了蒸汽机，牛顿通过观察苹果落地而发现了万有引力，阿基米德通过思考溢出的洗澡水而提出浮力定律。尽管有些传说无法得到证实，但的确有很多伟大的科学发现，背后都体现出了见微知著的思考能力。这就提醒我们，平时也要努力做一个善于观察和思考的人，或许你也会有很大的发现呢。

想一想

潭水清澈见底，本是一幅很美的画面，但诗中却从这个景象转向一个认知层面的表达，就是用眼睛感受水太浅，怀疑不会有鱼来。

我们都有玩水的经历，当人站在游泳池或者清澈的溪水中，俯瞰水下，会发现自己的腿好像变短了。因此，诗中的景象真的是水就那么浅，还是一种错觉呢？这其中又有怎样的科学原理呢？

为什么光不走直线了？

从前文内容中我们知道，一般情况下，光是沿着直线传播的，但是光的传播方向会改变吗？光会不会像一个顽皮的孩子一样，不走直线呢？

你可以做这样一个实验，把一根树枝（或一支筷子）斜着插进一个装有水的玻璃杯中，然后从旁边观察一下杯中的树枝有哪些变化。

我们可以看到，插入水中的树枝好像被"折断"了。为什么会这样呢？这是因为当部分树枝插入水中的时候，光的传播不像单独在空气中或者水中那样，沿着直线传播，而是发生了改变。

科学家们把这种光从一种介质入射到另一种介质时，在两介质分界面上，光线的传播方向发生了变化，一部分光进入了第二种介质的现象叫作光的折射。

光之所以会出现折射，与光的本质有很大的关系。光具有波粒二象性，传播的介质发生了改变，导致光在其中的传播速度的改变，再加上从一种介质传播到另一种介质的过程中，光的运动方式也会有一定的调整，因此，光的传播方向也发生了变化。

在《钓鱼湾》这首诗中，诗人说"潭清疑水浅"，其实就是潭底景物反射的光在从水中进入空气中时，方向发生了偏折，导致看到的景象位置如同往上方移动了，感觉水变浅了，而并非水真正变浅了。

下面这个有趣的小实验，或许会让你感受到光折射的"魔法"。

小实验：反转的箭头

实验准备：

扫描二维码就可观看视频

A4 纸、马克笔、玻璃杯和甘油。

用马克笔在纸上画两个箭头，放在玻璃杯的后面。

　　往玻璃杯里倒入纯的甘油，然后从杯的正前方观察杯后白纸上的箭头，看看你发现了什么？

　　通过杯子，我们看到白纸上的黑色箭头不仅变大了，而且还掉转了方向，这是什么原因呢？
　　这是因为当玻璃杯中倒入甘油时，形成了柱状透镜，使光线发生折射，传播方向发生了很大的变化。当然，如果你手边没有甘油的话，也可以直接用清水代替。

光照到镜子时会发生什么?

生活中，镜子是我们很熟悉的物体，我们平时梳头、穿衣一般都离不开镜子，但是你是否知道，一束光照在一面光滑的镜子上时，会发生什么变化呢?

我们可以来做一个简单的小实验，拿一面镜子，或者是光滑的金属板，再将一束光以一定的角度照射到它表面，顿时，我们就能看到这束光如一条蛟龙，从镜子或者金属板上跃了出来，并且发出的光非常耀眼。

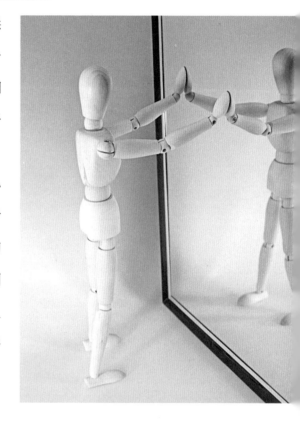

这种光从一种介质（空气）入射到另一种介质（表面光滑的物质）时，在两种介质的分界面上改变传播方向，回到原介质（空气）里继续传播的现象叫作光的反射。

光的反射在很久之前就被人类所熟知，并且也广泛应用于生产和生活中。

相传在罗马快要灭亡叙拉古时，古希腊著名的数学家和力学家阿基米德为了保护自己的故乡，想出了一个奇妙的方法，让妇女们一起用铜镜聚集太阳光，成功地将罗马人的战船点燃并烧毁！

这是由于铜镜所组成的聚光镜，能够将平行的太阳光聚于一点，继而形成非常耀眼的光线，甚至可以将物体点燃。

光是任意反射的吗?

　　我们知道光在不同介质之间会发生光的反射现象，但是光是任意进行反射的吗?

　　在研究光的反射规律之前，我们需要了解以下几个物理概念：入射点、法线、入射角和反射角。

　　入射点是指入射光线与镜面的交点；法线是指通过入射点且垂直于镜面的直线；入射角是指入射光线与法线的夹角；反射角是指反射光线与法线的夹角。

其实，在光的反射过程中，它们要遵循一定的定律，这个定律叫作光的反射定律：反射角等于入射角；入射光线和反射光线的位置也是对称的，分别位于法线的两侧，且入射光线、反射光线和法线这三条线有一个共同点，都在同一个平面内；并且在光的反射过程中，光路是可逆的，即将一束光沿着反射光线的角度射入时，其光线会沿着原来入射光线的方向射出。

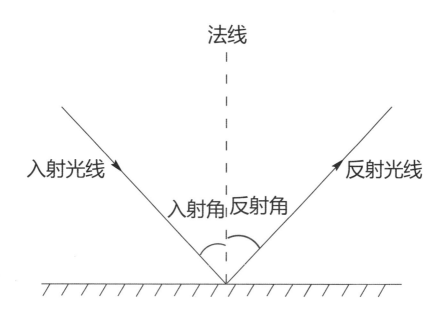

这时可能有同学会问，当光垂直入射到界面时，是不是光会沿着原光路返回？答案是肯定的，因为当光垂直入射时，入射角为 0 度，按照光的反射定律，反射角也是 0 度，因此，反射光也垂直于界面，即原路返回了。

为了更好地理解光的反射定律，大家可以拿出笔来，在纸上画一画光的反射过程中的光路图。

遇见科学家：爱因斯坦

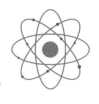

在人类物理学发展的历史上，阿尔伯特·爱因斯坦（1879—1955）被认为是近代最为伟大的物理学家，他的研究和发现影响到了人类看待世界、宇宙和时间的方式，也对今天的科技文明做出了卓越的贡献。在对光的研究方面，爱因斯坦更是取得了前所未有的突破。

1879年3月14日，爱因斯坦出生于德国巴登－符腾堡州乌尔姆市的一个犹太人家庭里。和大多数的孩子不同的是，爱因斯坦直到4岁才会开口说话。所以在他很小的时候，没有人能够想象到他会在未来成为一位伟大的科学家。

上了中学之后，爱因斯坦才逐渐展露学习的天赋。12岁时，他对数学非常痴迷，并自学了欧几里得的几何学，同时开始自修高等数学。13岁时，他开始阅读德国哲学家伊曼努尔·康德的著作。16岁时，爱因斯坦自学了微积分，并开始思考诸如"一个人如果以光速运动会发生什么"之类的问题。17岁时，爱因斯坦迁居瑞士苏黎世，并进入到瑞士联邦理工学院就读。在大学期间，爱因斯坦有些"散漫"，通常只去上自己感兴趣的课程，而把大部分时间都留在自学上，例如阅读物理学著作和研究以太理论等，这为他日后的研究奠定了基础。

1900 年，爱因斯坦从大学毕业后，日子并不一帆风顺。为了谋生，爱因斯坦当过家庭教师、临时计算工、代课老师等，并辗转于多地。1902 年，在朋友的帮助下，爱因斯坦进入瑞士专利局，成为一名普通的职员，工资非常微薄，但好在生活安定了一些，爱因斯坦也有时间开始钻研科学，并在当年发表了第一篇科学论文。

凭借对科学的热爱，爱因斯坦一边工作养家糊口，一边不断在物理学领域进行探索。仅仅在他毕业之后第五年，也就是 1905 年，爱因斯坦就发表了第一篇重量级的论文——《关于光的产生和转化的一个推测性观点》，提出光量子理论，解释了光电现象。

同年 4 月，他向苏黎世大学提交论文《分子大小的新测定法》，取得博士学位。5 月爱因斯坦完成论文《热的分子运动论所要求的静液体中悬浮子的运动》，并发表在德国《物理学年鉴或纪事》上。这篇论文用数学方法阐述了分子布朗运动的规律。

紧接着，在 1905 年 6 月，爱因斯坦又发表了《论动体的电动力学》，完整地提出狭义相对性原理，开创物理学的新纪元。9 月，他完成了第二篇关于狭义相对论的论文《物体的惯性和能量的关系》，其中包括著名的质能关系式 $E=mc^2$。

1905 年，爱因斯坦至少发表了 5 篇伟大的科学论文，堪称科学史上的奇迹，所以这一年也被称为"爱因斯坦奇迹年"。

当然，爱因斯坦的理论并没有马上被大众所接受，甚至其中一些观点还遭到了反驳，但随着时间的推移，他的理论被不断验证成为事实。例如在 1915 年时，爱因斯坦发表了"广义相对论"，并预测了光线经过太阳的引力场会发生弯曲。这个说法在当时受到了广泛的质疑。

但 1919 年发生日全食时，英国派出观测队到南美洲和非洲观测发现，星光确实在太阳附近发生了弯曲，而且经过反复计算，和爱因斯坦建立的广义相对论算出的数值接近。

1921 年，42 岁的爱因斯坦因光电效应研究获得了诺贝尔物理学奖，他的研究推动了量子力学的发展。而实际上，按照爱因斯坦在物理学上的成就，他至少应该获得不少于 3 次诺贝尔物理学奖。

在爱因斯坦之前，科学界对于光的认知有微粒学说、波动学说两种理论。这两种学说各有依据，但都存在一些漏洞。

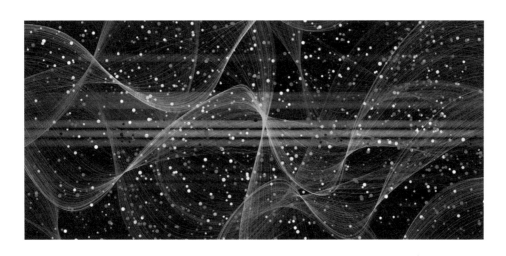

直到爱因斯坦提出了光量子理论，关于光的本质才有了全新的认识。在爱因斯坦的理论中，光是一群带有能量的、离散的量子（现称为光子），既像振动的波，又像粒子束，并建立了"爱因斯坦光电效应方程"，开创了近代光学研究的新纪元。

有趣的是，美国实验物理学家罗伯特·安德鲁·密立根本想通过实验反驳爱因斯坦的光电效应理论，但没想到实验结果却证明

了这个理论的正确性，并推导出爱因斯坦光电效应方程中普朗克常量的最精确数值。密立根由此获得了1923年诺贝尔物理学奖。

这张珍贵的照片拍摄于1932年，两位诺贝尔物理学奖得主——密立根和爱因斯坦，在美国加州理工学院进行了会面和交流。

诗词加油站

描写光线传播的古诗词

即使古人还没有光学的概念，但是我们依然能在不少诗词作品中，感受到他们对光的描写，可谓非常精妙。

《月下独酌（zhuó）四首·其一》（节选）
唐 李白

花间一壶酒，独酌无相亲。
举杯邀明月，对影成三人。
月既不解饮，影徒随我身。
暂伴月将影，行乐须及春。

《使至塞上》
唐 王维

单车欲问边，属国过居延。
征蓬出汉塞，归雁入胡天。
大漠孤烟直，长河落日圆。
萧关逢候骑，都护在燕然。

《望洞庭》
唐 刘禹锡

湖光秋月两相和，
潭面无风镜未磨。
遥望洞庭山水翠，
白银盘里一青螺。

《同王胜之游蒋山》
（节选）
宋 苏轼

峰多巧障日，
江远欲浮天。
略约（zhuó）横秋水，
浮图插暮烟。

《春山夜月》
唐 于良史

春山多胜事，
赏玩夜忘归。
掬（jū）水月在手，
弄花香满衣。
兴来无远近，
欲去惜芳菲。
南望鸣钟处，
楼台深翠微。

《中秋夜作》（节选）
清 李长霞

明月出云崖，
飞光薄前轩。
搴帷（wéi）怡清夜，
景物何澄（chéng）鲜。

《永安坊永寿寺·
闲中好》（节选）
唐 段成式

闲中好，
尘务不萦（yíng）心。
坐对当窗木，
看移三面阴。

在上面这些诗词中，既有关于光的直线传播的描写，又有光的反射和折射的体现，你读出来了吗？

思考题

1. 生活中，你知道还有哪些光的折射和反射现象吗？

2. 月球是地球的卫星，它本身是不会发光发热的，但是我们在晚上却经常能够看到明亮的月光，那么，月球是如何"发光"的呢？

6 白日曜青春，
　　时雨静飞尘

——为什么落雨可以"静飞尘"呢？

"白日曜（yào）青春，时雨静飞尘。"这一诗句出自三国时期
曹植的《侍太子坐诗》，全诗为：

白日曜青春，时雨静飞尘。

寒冰辟炎景，凉风飘我身。

清醴（lǐ）盈金觞（shāng），肴馔（zhuàn）纵横陈。

齐人进奇乐，歌者出西秦。

翩翩我公子，机巧忽若神。

诗词赏析

译文： 太阳照耀在明媚的春天，一阵好雨洗净了飞舞的灰尘。和煦的阳光融化了冰雪，而春风吹拂在我的身上还有丝丝凉意。美酒在金杯中斟满，桌上摆放着各种美味佳肴。齐国进献了奇妙的乐曲，西秦的歌手在纵情歌唱。风度翩翩的曹家公子，才思敏捷犹如天神一般。

曹植的这首五言诗，用极为精妙的语言，描绘出一幅春意盎然、歌舞升平的热闹景象，并借此诗赞美了和自己一母所生的同胞兄弟曹丕。

诗人小档案

曹植

曹植（192—232），字子建，沛国谯（今安徽亳州）人。三国曹魏著名文学家，建安文学代表人物。曹植是魏武帝曹操之子，魏文帝曹丕之弟，生前曾为陈王，去世后谥号"思"，因此又称陈思王。曹植被认为才华横溢，后人因他文学上的造诣而将他与曹操、曹丕合称为"三曹"。

诗词中的哲理

　　前面我们提到《侍太子坐诗》是曹植赞美其兄曹丕的一首诗。在创作这首诗的时候，曹丕已被立为魏国太子，尽管曹植是诗人情怀，对权力和地位并不十分上心，但多少内心会有一些惆怅的思绪。尽管如此，他还是能写诗来赞扬曹丕，表现出令人敬佩的胸怀。

　　我们在生活中可能也会遇到类似的情况，同学或是身边的朋友取得了令人羡慕的成绩，

我们可能会因此产生羡慕的心理，甚至会有一点点自卑，但我们也应该正视别人的优点。在他们面前，不妨多给予一些由衷的称赞，为他们取得的成就送上最真挚的祝贺。你觉得是不是应该这样呢？

诗句"时雨静飞尘"描绘了这样一个场景：应时的细雨洗净了飞尘。我们可以想象那种雨后空气清新的画面。但这里就有一个小问题，为何下过雨后，空气中的尘埃减少了？

有的同学就说了，这是因为下雨的时候雨滴把灰尘等脏东西"粘住"，并带到地面了，所以空气中的灰尘就少了。这么说并没有错，但为什么雨滴能起到这种作用呢？它是怎么做到的呢？其实，这其中是蕴含着物理知识的。

为什么落雨可以"静飞尘"？

　　我们首先应该知道，飞尘其实就是飘浮在空气中的小灰尘（颗粒的直径在 10 微米以内），这些灰尘通常处于无规则的撞击当中，并且长期飘浮在空气当中。

　　越是人烟稀少和干净的地方，空气中的飞尘会越少，而在人口密集的地区，例如都市中，空气中的灰尘就会相对比较多。但我们都有这样的感觉，下过雨后，空气变得清新，灰尘也少了，就像曹植在诗中描述的那样"时雨静飞尘"。

为什么落雨可以静飞尘呢？简单来说，雨滴是大气层中的水蒸气遇到冷空气而形成的小水滴。这些小水滴在气流的作用下不断运动，会积攒不同的电荷，有的带正电，有的带负电。而地球也是一个带有大量负电的带电体，云层和大地之间相当于形成了一个看不见的电容器。

随着带电雨滴的下落，会对空气中部分微小的飞尘产生吸附作用，将一部分飞尘吸附在雨滴上，并将它们带到地面上。

比如在下细雨的时候，你可以试着把一个干净的脸盆放在室外，等雨下过一阵再去观察一下，通常你会发现脸盆的底部会有一层薄薄的沙土，这其实就是带电雨滴在下落过程中，吸附到的空气中的飞尘。

摩擦真的可以产生静电吗？在接下来的科学小实验中，我们就来一探究竟。

小实验：活泼的棉签

实验准备：

扫描二维码
就可观看视频

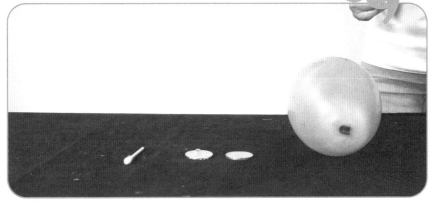

气球、棉签和两枚硬币。

实验步骤：

将一枚硬币竖直立在另外一枚平放的硬币上。

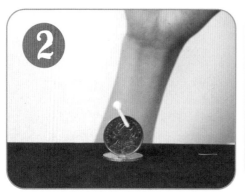

把棉签慢慢横放在立着的硬币上面。（如果掉下来也不要气馁，多试几次。）

快速在头发上摩擦气球，然后慢慢将气球靠近棉签，并水平移动。看看棉签有什么反应？

有趣的现象出现了！气球往哪个方向挪，小棉签就转向哪个方向。

在这个实验中，其实是静电在起作用。原来把气球放在头发上摩擦就会产生静电。静电可以吸引轻小的物品，当带静电的气球靠近棉签时，棉签就动起来了。需要注意的是：如果带静电的气球突然靠近棉签，棉签可能会从硬币上掉下来。如果想要保持棉签在硬币上不掉下来的话，一定要慢慢地去靠近哦！

摩擦起电是如何发生的？

读到这里，可能很多同学都会好奇，为什么物体摩擦后会产生静电呢？要解释这一点，就要从物质的微观结构讲起了。

任何物体都是由原子构成的，而原子由带正电的原子核和带负电的电子所组成，电子绕着原子核运动。在通常情况下，原子核带的正电荷数跟核外电子带的负电荷数相等，原子不显电性，所以整个物体是中性的。

通常来说，原子核里正电荷数量很难发生改变，不过，在原子核外部，电子却能摆脱原子核的束缚，转移到其他的物体上，从而使核外电子带的负电荷数目改变。

当物体失去电子时，它的电子带的负电荷总数比原子核的正电荷少，就显示出带正电；相反，本来是中性的物体，当得到电子时，它就显示出带负电。

物体在摩擦时，会导致原本束缚在原子核外的电子出现变化，一个物体在摩擦过程中失去电子，而与之相摩擦的另一个物体得到电子。这就是为什么摩擦可以起电的原因。

比如我们拿玻璃棒和干布摩擦，玻璃棒的一些电子会在摩擦过程中转移到布上，并因此失去电子而带正电，布则因为得到了电子而带负电。这与上述实验中气球和头发摩擦起电，是一个原理。

遇见科学家：库仑

在物理学中，表示电荷量的基本单位叫作库仑，这是为了纪念法国著名的物理学家查利·奥古斯丁·库仑（1736—1806）而命名的。库仑为电磁学方面的研究，做出了巨大的贡献，使电磁学从定性阶段进入到定量阶段。

1736 年，库仑出生在法国的昂古莱姆，他的父亲是法国皇室的巡视员，家境很好。在库仑小时候，他们

一家人就搬到了法国首都巴黎。在那里他学习了哲学、文学、数学、天文学等课程，这些课程为他日后做出伟大的科学贡献奠定了良好的基础。

青少年时期，库仑一直对自然科学充满兴趣，并坚持学习物理、化学等方面的知识。1761 年，大学毕业之后，他进入当时的法国军队成为一名中尉工程师。在服役的 20 年间，库仑跟随军队到各地驻防，并参与设计建造了各种类型的军事掩体。

为了在不同环境下设计建造不同的设施，库仑还自学了结构力学、土壤学、建筑学等多方面的知识，并进行了相关的研究。在一次西印度洋群岛的驻防中，库仑参与建设一座城堡。由于过于劳累和对环境的不适应，库仑生病了，身体状况每况愈下，他不得不被调回到法国国内参与驻防工程建设。

回到法国后，库仑被授予了上尉军衔。随后他进行了多方面的力学研究，并于 1773 年发表了有关计算材料强度的论文，库仑提出的方法成了结构工程的理论基础，沿用了数百年。

1773 年，由于需要对航海中用到的指南针进行深入研究，法兰西科学院针对磁体的磁性问题进行悬赏研究。库仑对这个问题也很感兴趣，并根据自己的力学知识展开了研究。

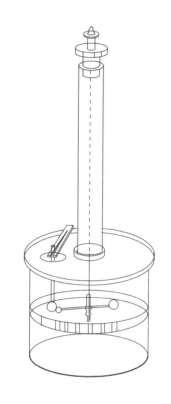

库仑首先研究磁铁的吸引与排斥，然后根据万有引力定律猜测磁与磁之间的作用力和磁的大小以及距离的平方成反比，然而如何实验呢？

英国著名科学家卡文迪许曾经设计过一种扭秤，利用扭秤可以测量出万有引力的大小。库仑仿照卡文迪许的扭秤制作了自己的扭秤，他利用扭秤测量磁力的大小，证明了磁与磁间的相互作用。库仑由此成功地设计了新的指南针结构。1782 年，他当选为法兰西科学院院士。

更进一步，库仑使用自己设计的扭秤，成功地对电荷间的作用力作了一系列的研究，并得到了著名的库仑定律，并于 1785 年发表在他的论文《电力定律》中。

库仑定律揭示了静止点电荷相互作用力的规律：真空中两个静止的点电荷之间的相互作用力同它们的电荷量的乘积成正比，与它们的距离的二次方成反比；作用力的方向在它们的连线上；同性电荷相斥，异性电荷相吸。

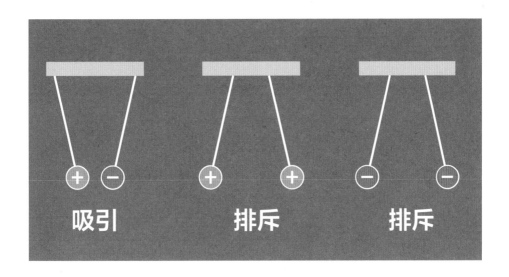

库仑定律的提出，是人类电学发展史上的第一个定量定律，也是电磁学和电磁场理论的基本定律之一。由于他的巨大贡献，1802年，库仑被任命为当时的法国教育部总督学。但令人惋惜的是，四年之后，库仑因为身体原因在巴黎去世了，终年 70 岁。

从库仑的经历我们可以看到，他或许并没有像牛顿和爱因斯坦那样的天赋，但是他在科学研究上孜孜不倦，一边工作一边钻研，才取得了如此伟大的成就。

为了纪念库仑在物理学上的成就，他的名字同样也被刻在埃菲尔铁塔上，受到了后人的敬仰。

如何减少静电的发生?

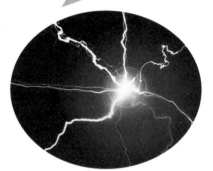

在生活中，静电可以说是摩擦起电最为常见的一种表现了，尤其是在干燥的秋冬季节，常常让人感到不适。有时，静电甚至会造成其他影响，如屏幕表面的静电容易吸附灰尘和油污颗粒，时间久了会形成一层薄膜似的尘埃堆积，影响清晰度和亮度。

所以，日常生活中，一定要注意静电对人产生的不良影响。你知道有哪些消除静电的方法吗?

首先，要保持室内空气湿度尽量不低于 30%。过于干燥，摩擦更容易产生静电。在湿度高于 45% 的环境中，很难感受到静电。在干燥的时节，可以尝试多洒水，多种些花草、绿植，或用加湿设备增加室内空气湿度。接触金属物品前，要记得先去除手上的静电——如在摸金属把手、碰铁柜子前，可以先把手弄得湿一点，或者让手摸一下墙。当然，用钥匙、指甲刀等小金属物品先触碰一下要接触的金属物也是可行的。

在秋冬季节建议大家尽量穿棉质衣裤，要勤洗、勤换，尽量不穿化纤类服装，这样可有效减少身体表面积聚的静电。家居物品也尽量用棉质面料。

静电对人真的只有危害吗?

根据前面的内容，我们知道静电对我们的生活有一定的影响，那么我们能不能利用静电为生活提供便利呢?

大家可能对静电的应用比较陌生，但是静电的作用却是不可忽视的，比较广泛的应用有静电除尘、静电复印、静电喷涂等。静电除尘是气体除尘的一种方法，一般应用于除尘器，它的工作原理并不复杂，含尘气体经过高压静电场时被电分离，尘粒与负离子结合带负电后，趋向阳极表面放电而沉积。

静电除尘相比一般的除尘方法具有效率高、范围广、耗能低、可远距离操作等优点，为我们的生活提供了很大的便利。

而静电复印是利用静电感应原理获得复印件的方法，它区别于早期的传统复印，一般通过照明和聚焦成像、静电显影、转印和定影三步骤完成。如果用卡尔逊静电复印法则麻烦些，需要通过充电、曝光、显影、转印、分离、定影、清洁、消电 8 个步骤。静电复印的出现大大方便了我们的生活，降低了复印成本，大大提高了工作效率。

　　静电喷涂是利用高压静电电场的原理，使带负电的涂料微粒沿着与电场相反的方向定向运动，并将涂料微粒吸附在工件表面的一种喷涂方法。静电喷涂设备通常由喷枪、喷杯以及静电喷涂高压电源等组成。这种方法不仅不含溶剂，无"三废"公害，而且效率高，还改善了劳动卫生条件，适用于自动流水线涂装，这样一来能减少污染，并且喷涂均匀，材料利用率大大提高。

诗词加油站

描写飞尘的古诗词

　　飞尘虽小，生活中却不可忽视。在古人的笔下，飞尘常常被赋予生动的变化。接下来，就让我们看看有哪些古诗词中描述了飞尘吧。

《送元二使安西》
唐　王维

渭城朝雨浥（yì）轻尘，
客舍青青柳色新。
劝君更尽一杯酒，
西出阳关无故人。

《古词三首·其一》
唐　于鹄（hú）

素丝带金地，
窗间掬飞尘。
偷得凤凰钗（chāi），
门前乞行人。

《歌》

唐 李峤（qiáo）

汉帝临汾水，周仙去洛滨。
郢（yǐng）中吟白雪，梁上绕飞尘。
响发行云驻，声随子夜新。
愿君听扣角，当自识贤臣。

《送王尚一严嶷二侍御赴司马都督军》

唐 张说

汉掖通沙塞，边兵护草腓（féi）。
将行司马令，助以铁冠威。
白露鹰初下，黄尘骑欲飞。
明年春酒熟，留酌二星归。

《猛虎行》（节选）

唐 李白

溧（lì）阳酒楼三月春，杨花漠漠愁杀人。
胡人绿眼吹玉笛，吴歌白纻（zhù）飞梁尘。
丈夫相见且为乐，槌（chuí）牛挝（zhuā）鼓会众宾。
我从此去钓东海，得鱼笑寄情相亲。

《游侠篇》

唐 陈子良

洛阳丽春色，游侠骋（chěng）轻肥。

水逐车轮转，尘随马足飞。

云影遥临盖，花气近薰衣。

东郊斗鸡罢，南皮射雉（zhì）归。

日暮河桥上，扬鞭惜晚晖。

在上述诗词作品中，作者描述了不同场景下的飞尘，你能读出来吗？如果你有时间，也可以观察一下生活中的灰尘，看看和古人描写的是否一致。

思考题

1. 有时候，我们摘下帽子或是梳头，会发现自己的头发立了起来。根据前面学到的内容，你能解释一下这种现象背后的原因吗？

2. 摩擦起电会导致静电的发生，你还能想到哪些消除静电或是利用静电的方法？

7 猛风飘电黑云生，
霎霎高林簇雨声
——天空中的闪电是电吗？

"猛风飘电黑云生，霎霎（shà）高林簇（cù）雨声。"这一诗
句出自唐代韩偓（wò）的《夏夜》，全诗为：

猛风飘电黑云生，霎霎高林簇雨声。

夜久雨休风又定，断云流月却斜明。

诗词赏析

译文：大风狂吹、电闪雷鸣，天空中布满了浓墨似的乌云，树林里传来风雨侵袭的声响。夜已经很深的时候，风停了，雨也止了，一轮弯月从云缝里斜洒出淡淡月光。

这是一首描写雨夜的写景诗，诗人通过细致的观察，描写了暴风雨前后的不同景色。区别于其他描写夏季闲情逸致的诗词，这首诗词前两句形容出一种暴风骤雨袭来的猛烈感，后两句则描写出暴风雨过后夏夜的寂静美好，这种反差的对比，令人感到耳目一新。

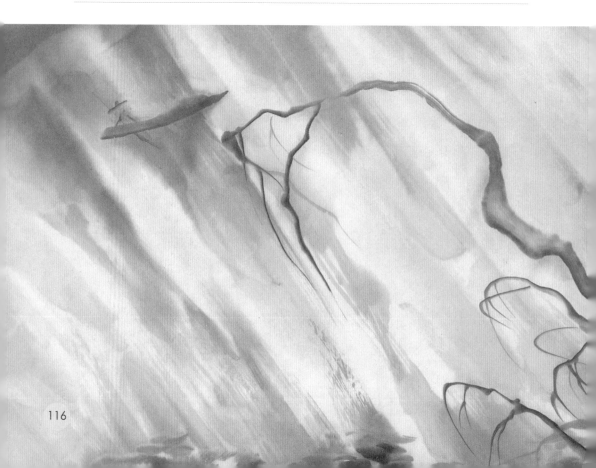

诗人小档案

韩偓

韩偓（842—923），字致光，号玉山樵人，京兆万年（今陕西西安）人。晚唐诗人，翰林学士，"南安四贤"之一。唐昭宗龙纪元年（889年），进士及第，授刑部员外郎。光化三年（900年），协助宰相崔胤攻杀政变宦官刘季述等，迎接唐昭宗复位，授中书舍人，后被贬斥。韩偓早年多写艳体诗，辞藻华丽，人称"香奁（lián）体"。中年以后，诗风大变，创作了不少感于时事的诗篇。

诗词中的哲理

《夏夜》这首诗创作于晚唐时期。有历史学家认为，作者韩偓通过对夏夜暴风骤雨的描写，暗示了当时晚唐统治已经到了极为危急的时刻，社会需要一场巨大的变革。当然，这种说法仅为参考，未必符合诗人写下此诗的初衷。

但从这首诗本身的内容来看，经历了暴风骤雨侵袭之后，优美的月光才从云彩中斜射而出，夏夜变得更为寂静和美好。正所谓"不经历风雨，哪能见到彩虹"，人生不能选择安逸，多经历风雨，能让我们得到成长，迎难而上会让我们变得更为优秀。

我们都知道夏天的时候经常有雷电交加的天气，那么这里就有一个问题，天空中的闪电和我们生活中常说的电是同一种东西吗？

如果闪电也是电的话，怎么能证明呢？我们生活中离不开的电，都是从哪里来的？这些有趣的科学问题，其实都有答案。让我们先从了解电开始。

电到底是什么？

雷雨天气时，常伴有电闪雷鸣，好像闪电在"炫耀"威力；在家里，按下按钮，电视亮了，那是电的作用。导线中有电流，可是我们看不到。电到底是什么呢？

"电"是一个泛指的词语，可以指"带电的物质"——电荷，可以指"带电粒子的移动"——电流，也可以指"电荷产生的影响"——电场，还可以指电荷之间的"电磁作用"。电荷有两种，一种被称为"正电荷"，另一种被称为"负电荷"。同种电荷或带同种电荷的物体相斥，反之相吸。

我们平时说的"电"，既是一种自然现象，也是一种能量。和水流相似，电流是由电荷的定向移动形成的，电流的大小被称为电流强度，正电荷移动的方向被定义为电流的方向。

电流是无处不在的，闪电和太阳风中也存在电流。太阳风会造成极光现象，那种绚丽多彩的景象，其实就是电流的作用。

在我们生活中常见的输电线中，通电时就有电流"流动"。电线好比管道，电流就像水在管道中流动，形成了电流的传输，把电送到人们需要的地方。但我们一定要注意的是，触碰电流是非常危险的事情，一定要避免触碰裸露的电线，时刻注意用电安全。

闪电
也是电吗?

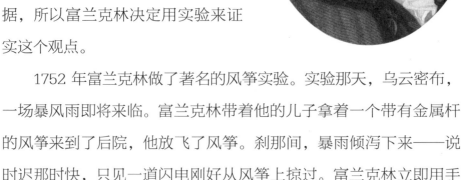

闪电可以把人击倒，甚至能将高大的树木劈成两半。古时候，西方人把雷击看作是"上帝的怒火"，中国人则把雷电敬称为"雷神"。长期以来，闪电在人们的心目中一直是种可怕的东西。那么，闪电到底是什么呢？谜团的解答还要从 18 世纪美国科学家富兰克林的风筝实验说起。

富兰克林不仅是美国的开国元勋，而且还是一位享誉世界的科学家和发明家。他曾敏锐地观察到闪电和静电的放电现象有很多相似之处，比如都会发光，都会有响声。据此他怀疑闪电就是一种放电现象，不过在当时这种说法没有确凿的证据，所以富兰克林决定用实验来证实这个观点。

1752 年富兰克林做了著名的风筝实验。实验那天，乌云密布，一场暴风雨即将来临。富兰克林带着他的儿子拿着一个带有金属杆的风筝来到了后院，他放飞了风筝。刹那间，暴雨倾泻下来——说时迟那时快，只见一道闪电刚好从风筝上掠过。富兰克林立即用手触摸了一下风筝上的金属，瞬间就有一种麻木感袭遍全身，他兴奋地大声呼喊："我被电击了，我被电击了！"随后富兰克林又经过各种实验证明了雷电和生活中的电是同一种事物。

　　虽然关于富兰克林风筝实验的真实性说法不一，也没有证据证明它确实发生过，但是，无论如何，我们都应该学习富兰克林勇于探索的科学精神。不过，用风筝来做这种实验，非常危险，大家千万不要模仿。

人们是如何发现电子的？

电子是一种带负电的粒子，存在于原子中，并且绕着原子核不停旋转。它的质量极小还很难被发现！

电子初次"抛头露面" 还得追溯到1858 年德国科学家普吕克尔对阴极射线的发现。当时，普吕克尔通过实验发现玻璃管上发出淡淡的荧光，后来有科学家把它叫作阴极射线，但是关于阴极射线到底是电磁辐射还是带电微粒却说法不一。

1897 年，英国物理学家汤姆孙通过一系列实验对阴极射线的特性进行了深入研究，证实了这"淡淡的荧光"是由带负电的粒子组成的，后来就把这种粒子叫作"电子"。

发现电子后，汤姆孙又进一步进行了研究。他发现不管是光电子流还是热离子流都包含电子。换句话说，紫外线照射阴极表面和金属受热都能发射电子。

有意思的是，从普吕克尔发现阴极射线到汤姆孙发现电子之间隔了整整 40 年。这 40 年中也有人进行了汤姆孙的实验，甚至得到了和他一样的结果，但是有悖于传统的观点谁都不敢承认，也正因如此，错失了发现电子的良机。

由此可见，创造性的发现不仅需要洞察力，还要有无畏的勇气。

电会产生磁场吗？

最初，物理学界是把电和磁分开研究的，物理学家认为电和磁是彼此独立、毫无联系的两样东西。但是现在我们都是把电和磁放在一起研究的，那么这种变化之间到底存在着哪些鲜为人知的故事呢？

说到电与磁之间的联系，我们不得不提到一个人，他就是汉斯·奥斯特。奥斯特是丹麦物理学家，他对药物学、天文、数学、物理、化学都有所涉猎。他还是一位思想家，对康德哲学深信不疑，故事的起因也要从这里说起。

在康德哲学中有这样一种思想，认为各种自然力都来自同一根源，可以相互转化。据此奥斯特认为电和磁也一定有千丝万缕的联系，于是他开始了一次又一次的实验。

1820 年，奥斯特抱着试试看的想法，用伏打电堆连接一条非常细的铂丝导线，放在一根用玻璃罩罩着的小磁针上方，接通电源的瞬间，他发现磁针跳动了一下。这一跳，使有心的奥斯特喜出望外，竟激动得在讲台上摔了一跤。这以后奥斯特又反反复复做了许多次实验，终于发现了电流的磁效应。

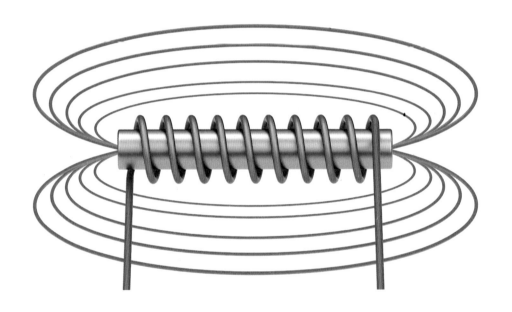

　　奥斯特的发现无疑是电生磁现象的一座里程碑，由此导致电与磁的一系列发现以及应用广泛的电磁铁的出现。两个月后物理学家安培发现了电流间的相互作用。后来又发明了探测及度量电流的电流计。那些真正重视奥斯特发现的人都获得了成功。奥斯特的发现开启了电磁学研究的新纪元。

根据前面的介绍，我们知道了电会产生磁，是这样吗？让我们通过下面的实验来验证一下吧。

小实验：旋转的"爱心"

扫描二维码
就可观看视频

实验准备：

铜线、5 号电池、钳子和 6 块圆形小磁铁。

实验步骤：

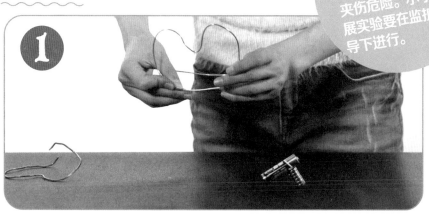

① 将铜线弯成心形，然后用钳子剪掉多余的铜线。

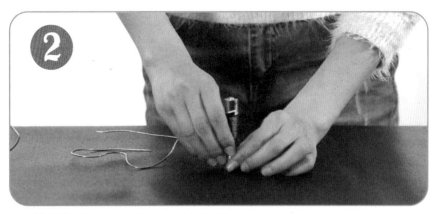

将 6 块圆形小磁铁摞在电池负极下方。

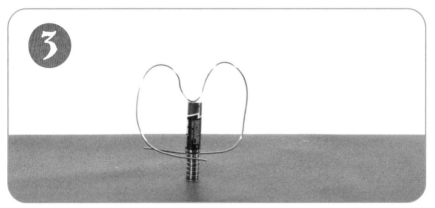

电池正极朝上竖立，心形铜线放在电池正极上。松开双手，"爱心"铜线竟然自己转了起来。这是为什么呢？

其实这是电磁的特性所导致的。我们将心形的铜线搭在电池的正极，其中会有微弱的电流通过，铜线两侧的电流方向都是向下的，放在电池下方的磁铁会在周围形成一个磁场，磁场中磁力线的方向和铜线的方向垂直，铜线会受到一个转动的力，因此铜线圈会转动起来。有了磁场和电，线圈就能以一种方式动起来，其实这就是电动机最基本的原理。

磁铁周围遍布着磁场，但是我们是看不到的，它以能量的方式存在。我们可以假想磁场中存在许多曲线，称之为磁感线，每一根磁感线的方向是从磁铁的北（N）极出发，最后回到南（S）极，形成一个闭合的回路。虽然我们看不到磁场，但我们学习时，可以画假想磁感线来表示磁场。

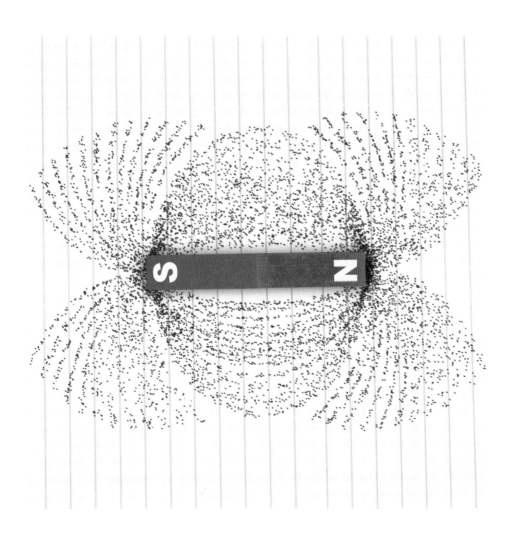

遇见科学家：法拉第

就在奥斯特发现电流能够吸引磁针运动而震惊世界的时候，科学家们又开始思考磁铁能不能使导线中产生电流的问题。于是又一位伟大的科学家进入人们的视野，他就是英国物理学家迈克尔·法拉第（1791—1867）。

法拉第出生于英国萨里郡纽因顿一个贫苦铁匠家庭，小学还没有上完就辍学去当报童，后来在一家小书店当订书员。糟糕的生长环境并没有让法拉第变得意志消沉，相反，他像他的父亲一样喜欢唱歌，像母亲一样喜欢阅读。虽然贫穷，但法拉第依然乐观。

在做订书员的岁月里，求知欲很强的法拉第一边打工，一边阅读了书店里大量的关于科学的书籍，这让他学到了很多关于电学和

化学的知识。而且他还用自己省下来的钱去购买一些实验用品，自己做科学实验。在那段时间里，他一有机会就去听讲座，这些讲座是为失学青少年举办的免费讲座，主题是关于自然科学和文化教育的。

19岁时，法拉第在听完当时有名的化学家汉弗莱·戴维的讲座后，给戴维寄了一封信，在信中他表达了对戴维的敬仰，并附了自己的一份科学笔记。没想到，戴维收到法拉第的信后，很快推荐他到英国皇家学会的实验室担任助理实验员。

法拉第的机会来了！他告别了书店订书员的工作，成了一名真正的科学研究人员，并且可以接触到当时欧洲最前沿的科学技术。他的才能也逐渐展现出来，不断有新的发现和发明。

当然，法拉第最伟大的科学发现就是电磁感应和电磁场的提出。人们很早就发现磁体能使附近的铁棒产生磁性，并且带电体也能使附近的导体感应出电荷，而敏锐的法拉第认为电磁之间必有联系。然而这条研究道路注定是艰辛的。在他之前，安培、科拉顿等著名科学家在这方面的探索都以失败告终，但是法拉第对磁生电的奥秘却是念念不忘。

法拉第9年的努力都以失败告终。这是因为他用的一直都是恒定电流产生的磁场，然后再看这个磁场会不会产生感应电流。

功夫不负有心人，1831年的一天，他把一个线圈接到电源上，另一个线圈接入电流表，在给一个线圈通电或断电的瞬间，另一个线圈就出现了电流。法拉第终于发现了磁生电的奥秘，即磁生电现象只有在电流变化的过程中才会出现。后来经过进一步的深入研究，法拉第提出了电磁感应理论，也就是我们现在说的法拉第电磁感应原理。

电磁感应现象使人们弄清楚了电与磁之间的内在联系，引来了重大的工业和技术革命，人类的科技发展和社会生活都因此发生了翻天覆地的变化。

日常生活中常见的发电机、感应马达、变压器等大部分电力设备，都应用了电磁感应。电能的大规模生产和远距离输送成为可能，电成为当代社会不可缺少的能源。

可以说，法拉第是一位"电学巨人"，他的研究发现，改变了人类的文明进程。并且，法拉第还用自己的亲身经历证明，即使是出身寒门，所受的正规教育不多，只要自己坚持不懈地努力，一样可以成为了不起的科学家。据当时身边人的回忆，法拉第因为发现了电磁感应定律而名声大噪，但在生活中，他始终是一位非常平和、低调的科学家，一生忙碌于科学研究。

有趣的是，当年邀请法拉第进入实验室的化学家戴维，一生中发现了很多化学元素，还发明了矿用安全灯等。在戴维晚年时，当有人问他一生最伟大的发现是什么时，他却毫不犹豫地说："我一生最大的发现就是法拉第。"

诗词加油站

描写雷电的古诗词

闪电是自然界中存在的一种电，是夏天暴风雨来临时常见的天气现象，并经常伴随有打雷的声音。在古代诗词中，对于雷电现象的描述也有很多，让我们来看一下。

《七月十九日大风雨雷电》
宋 陆游

雷车动地电火明，急雨遂（suì）作盆盎（àng）倾。
强弩（nǔ）夹射马陵道，屋瓦大震昆阳城。
岂独鱼虾空际落，真成盖扆（jī）舍中行。
明朝雨止寻幽梦，尚听飞涛溅瀑声。

《早秋韶（sháo）阳夜雨》
唐 许浑

宋玉含凄梦亦惊，芙蓉山响一猿声。

阴云迎雨枕先润，夜电引雷窗暂明。

暗惜水花飘广槛（jiàn），远愁风叶下高城。

西归万里未千里，应到故园春草生。

《忆江南》
唐 许棠

南楚西秦远，名迟别岁深。

欲归难遂去，闲忆自成吟。

雷电闲倾雨，猿猱（náo）斗堕（duò）林。

眠云机尚在，未忍负初心。

《和运使舍人观潮·其二》（节选）
宋 范仲淹

海面雷霆聚，江心瀑布横。

巨防连地震，群楫（jí）望风迎。

踊若蛟龙斗，奔如雨雹惊。

来知千古信，回见百川平。

《夏云曲》（节选）

唐 齐己

爞爞(chóng)万里压天堑(qiàn)，
飏(yáng)雷电光空闪闪。
好雨不雨风不风，
徒倚穹（qióng）苍作岩险。

《五月十九日大雨》

明 刘基

风驱急雨洒高城，
云压轻雷殷（yǐn）地声。
雨过不知龙去处，
一池草色万蛙鸣。

在上述诗词中，古人对雷电的描绘可谓非常精彩，如果你喜欢其中的某一首，不妨查阅资料，多了解一下诗人的创作背景和诗词的意义吧。

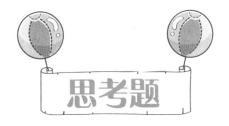

思考题

1. 暴风雨来临的时候常有雷电现象，为什么我们常常先看到的是闪电，然后过了几秒才听到打雷声？根据之前我们所学的内容，请你解释一下。

2. 电是我们生活中最为重要的能源之一，那么我们可以通过哪些措施来节约用电呢？你能不能设计一张生活中节约用电的"小报"呢？

8 姑苏城外寒山寺，夜半钟声到客船

——声音是如何产生和传播的？

"姑苏城外寒山寺，夜半钟声到客船。"这一句诗出自唐代张继的《枫桥夜泊》，全诗为：

月落乌啼霜满天，江枫渔火对愁眠。

姑苏城外寒山寺，夜半钟声到客船。

诗词赏析

译文： 月亮已落下，乌鸦啼叫寒气满天，面对江边枫树与渔船上的灯火，我忧愁难眠。姑苏城外那寒山古寺，半夜里敲响的钟声传到了我乘坐的客船。

这首诗通过描写月落乌啼、漫天寒霜、江边的枫树、江面的渔火、寒山寺及夜半钟声等江南深秋的夜景，营造了寒凉、凄冷的氛围，传达出作者因战乱羁旅在外、身处乱世却无归宿的忧愁及对家国的忧思之情。

诗人小档案

张继

张继（？—约779），字懿（yì）孙，湖北襄州（今湖北襄阳）人。唐代诗人，与刘长卿友谊颇深。据诸家记录，仅知他是约天宝十二载（753年）的进士。张继的诗主要是记行游览、酬赠送别之作，风格清远，不事雕琢。可惜张继流传下来的诗不到50首，最著名的就是这首《枫桥夜泊》。

诗词中的哲理

《枫桥夜泊》是唐朝安史之乱后，诗人张继途经寒山寺时写下的一首羁旅诗。其实这首诗也蕴含着关于人生的哲理：人生就像是一场漫长的旅行，并不会像我们期望的那样一帆风顺，往往充满着挫折与苦难。

在陷入低谷的时候，我们不应该怨天尤人，也不要轻视自己，而是应该多鼓励自己，从消极的情绪中走出来，然后通过行动来战胜困难，只有这样，才能让我们不断前行，实现属于自己的人生。

想一想

诗中提到"夜半钟声到客船"，说的是寒山寺的钟声传到了诗人所乘坐的客船里。你有没有想过，寺和船的距离这么远，钟声还能传过去，那么声音是怎么传播的呢？

再比如，我们坐在教室里，听老师站在讲台上为我们讲授知识。我们坐在讲台下听得津津有味，可是听过课后，有没有人去认真思考过：老师讲课的声音是怎样传播到我们的耳朵里来的呢？也就是说，声音是怎样从声源处传播出来的呢？

要揭开这个谜底，让我们先做个小小的实验吧：在特制的玻璃罩中放置一个闹钟（或手机），定好使它发出声音的时间。

小实验：声音是如何传播的？

当闹钟发出声音后，我们用抽气机慢慢地把玻璃罩中的空气抽出来，我们会发现，可以听到的声音越来越微弱，最后几乎什么都听不到了。这是为什么呢？难道是闹钟坏掉了，渐渐不响了？

可是当我们把玻璃罩拿开时，我们又会发现，闹钟依然还在响着，闹钟并没有坏掉。那刚才的现象又是怎么回事呢？

原来，声音不是一产生我们就能听到，声音的传播是需要外在条件的。声音可以在空气中传播，却不能在真空中传播，声音的传播是需要介质的。现在你明白为什么在被抽干净空气的真空状态下，玻璃罩内闹钟的声音我们听不到了吧！

声音可以在空气中传播，那么它在固体和液体中可以传播吗？试着塞住一只耳朵，用另一只耳朵贴在桌面上，接着用手敲击一下桌面，这时你会发现，没有被塞住的耳朵还是能够听到桌面发出的声音的，这说明声音也可以通过固体传播。

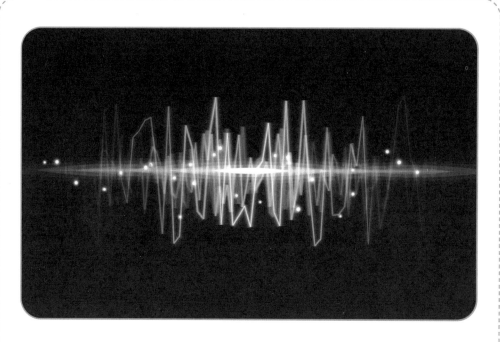

　　我们再将用塑料袋包好的正在响的闹钟放进水中，这时依然可以听到闹钟的声音，这说明液体也是可以传播声音的。由此可知，声音靠介质传播，跟介质的形态无关，气体、液体和固体都可以传播声音。

声音的传播速度有多快？

　　我们使用耳机时，声音直接就进入了我们的耳朵；当我们面对面聊天时，声音也是瞬间被我们听到；当我们去听演唱会时，声音即使隔很远也能传播过来，也是瞬间就进入了我们的耳朵。

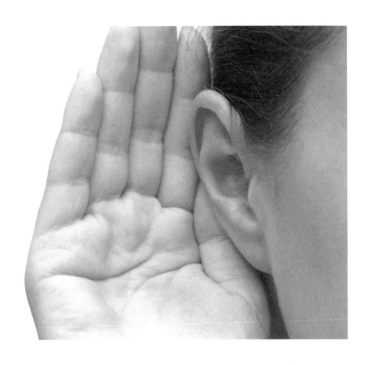

声音转瞬即至，难道它的传播不需要时间吗？还是声音的传播速度非常快，我们难以感觉到其所需要的时间？如果事实是这样的，那么声速和飞机飞行的速度哪个更快呢？

事实上，声音的传播是需要时间的，只不过它传播的速度太快，以至于不容易被我们感觉到。当我们聊天时，声音在空气中传播，声速大约是 340 米 / 秒，也就是 1224 千米 / 时。我们说话时的距离一般在几米之内，这样我们就可以计算出，声音不到一秒钟就可以传播到我们的耳朵中，我们感觉不到时间差。那么，声音的速度和飞机的速度到底哪一个更快一些呢？

通常来说，现在的客用飞机的速度一般是 1000 千米 / 时，而声音在空气中的传播速度是 1224 千米 / 时，对比一下，我们就可以知道，还是声音的速度快。

不过，现在人类已经发明了超音速飞机，其飞行的速度早已超过声音的速度了，你可以想象一下这种飞机的速度是多么快。

当然，声音在不同介质中的传播速度也是不同的，比如在空气中，声速大约是 340 米 / 秒；在常温的水中，声速会达到 1500 米 / 秒左右；在钢铁中，声速更是可以高达 5000 米 / 秒以上。

为什么寒山寺的钟声能传到客船？

声音的传播速度很快，但如果我们距离发声的地方很远，很多时候就可能听不到。举个例子，两个人在车水马龙的大街上说话，如果距离不到一米甚至是面对面时，通常是可以听得比较清楚的，但随着距离的增加，例如超过百米，你就很难听清楚对方正在说的话了。

那么回到 "姑苏城外寒山寺，夜半钟声到客船" 这一诗句，你有没有想过，为何寒山寺（今位于苏州市姑苏区内）敲响的钟声可以传到千米之外的客船呢？如果我们从物理学角度解释，或许就能更好理解诗中所描绘的现象。

首先来说，声音的本质是一种压力波，比如演奏乐器、拍门或敲桌时，物体的振动会引起介质——空气分子有节奏的振动，使周围的空气产生疏密变化，形成疏密相间的纵波，由此产生了声波，这种现象会一直延续到振动消失为止。

声波有两个重要的属性，一个是频率，另一个是振幅。频率越高，音调越高，传递到我们耳朵里的感觉会越尖锐，例如用锯子锯木板发出的声音。振幅越大，声音的响度（也被称为音量）越大。

在声音的传播过程中，声波的振幅会在介质中产生损耗，并随着传播距离的增加而逐渐缩小，这就是为什么距离越远我们听到的声音越小的原因。

寒山寺的钟声能够传到千米之外的客船，首先是由于敲钟所产生的声波振幅很大，所以才有可能传播到很远的江面上。我们可以理解为，在相同的介质下，声音响度越大，传播得越远。

与此同时，由于当时正处于安静的半夜，空气中干扰钟声传播的其他声波相对较少，并且水面的湿气增加了空气的密度，这些物理条件更有利于钟声的传播范围，因此客船上的人能清晰地听到钟声。所以说，张继的观察是非常细致的，为我们描绘出了一幅充满意境的画面。

回声是如何产生的?

当我们登上山顶时,对着远方的山谷大喊一声"你好吗",稍等片刻我们一定会听到山谷传回"你好吗"的呼喊,难道山谷也有智慧,能够听懂我们的问话? 不要惊奇,这就是大自然的神奇现象——回音。

回音也叫回声,是我们日常生活中常见的一种声学现象。在空旷的礼堂或者山谷里,当我们大声讲话或者呼喊之后,所听到的回音其实是声波遇到障碍物后所发生的反射。当反射回来的声音与我们听到的原声源的时间差超过 0.1 秒时,人的耳朵就能把反射的声音与原声源明显地区分开来，这就是我们听到的回音。

不过当反射回来的声音与我们听到的原声源的时间差小于 0.1 秒时，人的耳朵就无法将两个声音区分开来了，从而形成了声音的混响，影响到我们所听到的声音的品质。有同学可能会想，为什么我们在家里说话听不到回音呢？

这是因为我们家里的窗帘、绿植以及家具等物品可以把一些声音吸收掉，而且房间里的声音传播距离比较短，我们说话的原声与反射回来的声音之间的时间差小于 0.1 秒，以至于我们的耳朵不容易察觉到回音。

遇见科学家：贝尔

声音的传播速度很快，但范围却是有限的，那么，如何才能让相距千里的两个人听到彼此的声音呢？电话的出现让这一想法变为现实。说到电话，我们不得不提到一位了不起的发明家——亚历山大·格雷厄姆·贝尔（1847—1922）。

1847 年，贝尔出生在英国爱丁堡一个知识分子的家庭，父亲和祖父都是颇有名气的语言学家。不过贝尔在小时候对动物非常感兴趣，上小学时，他的书包里还经常装着昆虫和老鼠等。结果有一次，老师正在讲课的时候，贝尔的老鼠从书包里跑了出来，弄得教室里一阵大乱，这让老师认为贝尔是一个不可教的孩子。

后来，贝尔的父亲把他送到伦敦的祖父那里待了一年。在这一年当中，祖父很耐心地培养贝尔学习的兴趣。渐渐地，贝尔有了强烈的求知欲，学习成绩也提高了，最后成了名副其实的优等生。

一年后，贝尔回到故乡爱丁堡继续上学。有趣的是，他开始迷上了发明创造。例如他注意到家附近水磨坊里的水磨，工作起来实在太费劲了，于是他查阅了各种资料，画出了一幅改良水磨的设计图。他把设计图交给了当地的工匠，工匠照着进行了改造，果然水磨变得灵活多了。这件事不仅让贝尔成了远近闻名的"小小发明家"，而且也让他感受到了发明创造的魅力。

1868 年 10 月，贝尔开始在伦敦大学学习，两年之后，和父母一起移居加拿大。1873 年，贝尔受聘美国波士顿大学，成为这所大学的发音生理学教授。贝尔在教学之余，总是研究教学器材，这给他带来了诸多的发明灵感。

有一次,他在做实验时发现了一个有趣的现象:电流通过和断开时,线圈会发生噪声,有点像发电报时所发出的"滴答"声。这不禁让贝尔开始思考:既然电可以发出声音,那么如果改变电流的强度,是不是可以模拟出人说话时的声波呢?如果可以的话,那样人的声音就可以通过电流传递,千里之外也可以交流了。这该有多好啊!

贝尔觉得这是个有价值的想法,但是他把这个想法分享给电学界的朋友后,却得到了很多人的否定,有人甚至称他的想法为"幻想",劝他趁早放弃。

但是这并没有让贝尔沮丧,他暗下决心,一定要将自己的想法变为现实。于是,贝尔一头扎进了大学的图书馆,重新开始学习电学知识,甚至掌握了那个时代最先进的电磁学知识。

有了坚实的电磁学知识,贝尔便开始筹备实验,他请来了年轻的电器技师沃森做实验助手。

贝尔和沃森终日关在实验室里,反复设计方案、加工制作机器,可一次次都失败了。就这样,两年时间过去了,贝尔还是没有成功。贝尔也曾因为中间的失败而产生过疑问，是否自己的想法真的是"幻想"，不过他还是没有放弃。

1875年5月，贝尔和沃森研制出两台粗糙的机器，当对着其中一台机器讲话时，声音会带来薄膜的振动，薄膜连接的炭杆插到硫酸溶液中，使溶液电阻发生变化，随之产生电流的变化，电流的变化传递到另外一台机器上，就会产生声波的变化。理论上，这两台机器能够实现声音的传递。但事实上，贝尔和沃森依然不能清晰地通话，实验又一次宣告失败。问题出在哪儿呢？贝尔陷入了沉思。在接下来的几天时间里，贝尔一直在苦苦冥想，直到有一天晚上，他听到远处传来的美妙的音乐演奏的声音，他忽然对沃森说："我们应该制作一个音箱，提高声音的灵敏度！"

两个人说干就干，因为手头没有现成的材料，他们把床板拆了，花了几个小时制作了一个粗糙的音箱。

1875年6月2日，这一天非常重要。贝尔和沃森把音箱安装在样机上进行试验。贝尔在实验室里，沃森在隔着几个房间的另一边。贝尔一边调试机器，一边对着机器呼唤起来。

忽然之间，贝尔不小心把硫酸溅到腿上，他喊道："沃森先生，过来一下，我需要你！"

没想到沃森在另一边的机器上清晰地听到了贝尔的呼喊，他兴奋地跑了过来，一边跑一边说："我听到了，我听到了！"沃森跑过来紧紧地拥抱了贝尔。贝尔此时也忘了硫酸洒到皮肤上的疼痛，激动得热泪盈眶。

就这样，电话真的被贝尔和沃森发明了出来。1876年，贝尔成功获得了电话的发明专利。两年之后的1878年，贝尔在美国波士顿和纽约之间进行首次长途电话试验，结果也获得成功。同年，贝尔成立了电话公司。在这以后，电话很快盛行起来，人们终于可以实现千里之外传输声音了。

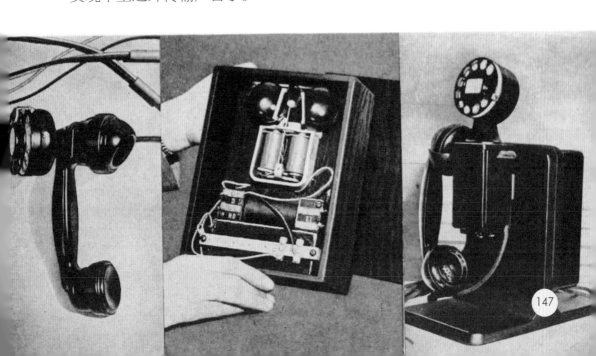

贝尔并没有发明声音，也不是电磁学的创始人，但是他通过丰富的想象力和扎实的实验，将物理学原理和知识变成了伟大的发明，造福了人类。所以，从这个意义上来讲，贝尔不仅是伟大的发明家，也是一位探索科技的科学家。

所以，同学们，学习科学的一个重要目的是应用科学，把科学知识和科学原理变成利于人们的科技，这才是真正的学以致用。

诗词加油站

描述声音的古诗词

除了《夜泊枫桥》之外，很多古代诗词中都有关于声音的描写，有描写动物的声音，也有描写自然现象的声音，比如下面这几首。

《雪夜》（节选）
宋 陆游

雪声如飞沙，风声如翻涛，
三更天地暗，雪急风愈豪。
颇疑虚空中，鬼神战方鏖（áo），
胜负要一决，利兵未肯橐（gāo）。

《早发白帝城》
唐 李白

朝辞白帝彩云间，
千里江陵一日还。
两岸猿声啼不住，
轻舟已过万重山。

《春夜洛城闻笛》
唐 李白

谁家玉笛暗飞声，
散入春风满洛城。
此夜曲中闻折柳，
何人不起故园情。

《早蝉》（节选）
唐 白居易

六月初七日，
江头蝉始鸣。
石楠深叶里，
薄暮两三声。

《暮秋独游曲江》
唐 李商隐

荷叶生时春恨生，
荷叶枯时秋恨成。
深知身在情长在，
怅（chàng）望江头江水声。

《卜算子·二月二十六日夜大雷雨，枕上作》
宋 郭应祥

午夜一声雷，急雨如飞霍。
枝上残红半点无，密叶都成幄（wò）。
苦恨簿书尘，刚把闲身缚（fù）。
却忆湄（méi）湘春暮时，处处堪行乐。

上面这几首诗词中，都描绘了哪些声音，你能看出来吗？

思考题

1.日常生活中，我们经常看到医生会用听诊器来帮助诊断，那么听诊器利用的是声音的什么原理呢？

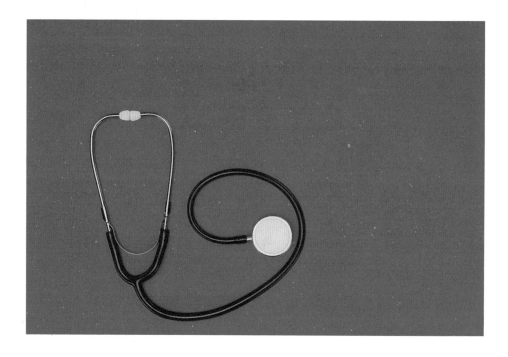

2.成语"掩耳盗铃"讲的是捂住自己的耳朵，就听不到铃铛发出的声音，以为别人也不会听到。那么，如果我们捂住耳朵，真的一点声音都听不到了吗？你可以用手、毛巾、海绵等捂住耳朵试一试。

3.如果用生活中的物品来制作一个简易的传话筒，都需要哪些材料？你可以动手做成功吗？不妨试试看吧。